위생용품 표시·광고 가이드라인

식품의약품안전처

이 안내서는 「위생용품 관리법」 제11조, 제12조, 제12조의2 및 같은 법 시행규칙 제18조 표시사항, 제19조 허위·과대·비방 표시·광고의 범위와 관련하여 위생용품을 표시·광고하는 경우 준수하여야 하는 최소한의 기준을 알기 쉽게 설명하거나 식품의약품안전처의 입장을 기술한 것입니다.

본 안내서는 대외적으로 법적 효력을 가지는 것이 아니므로 본문의 기술 방식('~하여야 한다' 등)에도 불구하고 참고로만 활용하시기 바랍니다. 또한, 본 안내서는 '24년 12월 31일 현재의 과학적·기술적 사실 및 유효한 법규를 토대로 작성되었으므로 이후 최신 개정 법규 내용 및 구체적인 사실관계 등에 따라 달리 적용될 수 있음을 알려드립니다.

※ "민원인 안내서"란 민원인들의 이해를 돕기 위하여 법령 또는 행정규칙을 알기 쉽게 설명하거나 특정 민원업무에 대한 행정기관의 대외적인 입장을 기술하는 것 (식품의약품안전처 지침서등의 관리에 관한 규정 제2조)

※ 본 안내서에 대한 의견이나 문의사항이 있을 경우 식품의약품안전처 소비자위해예방국 위생용품정책과에 문의하시기 바랍니다.

전화번호: 043-719-1734
팩스번호: 043-719-1730

목 차

I. 개요

1. 목적 ·· 1
2. 관련 법령 및 규정 ·· 1
3. 적용 범위, 한계점 등 안내 ·· 1

II. 위생용품 표시·광고

1. 위생용품 표시·광고의 정의 ·· 3
2. 위생용품 표시기준의 구성 ·· 4
3. 위생용품 주요 표시기준 안내 ·· 8
4. 위생용품 표시·광고시 준수사항 ·· 14
5. 표시·광고 관련 용어의 풀이 ·· 15

목 차

III. 부당한 위생용품의 광고 사례

1. 사실과 다르거나 과장된 표시·광고 ········· 17
2. 소비자를 기만하거나 오인·혼동시킬 우려가 있는 표시·광고 ····· 23
3. 다른 업소 또는 그 제품을 비방하는 표시·광고 ············ 32

IV. 식품의 형태·용기·포장 등 모방 관련 사례

1. 개요 ········· 33
2. 식품 모방 위생용품 사례 ········· 34
3. 식품 모방 위생용품 제외 사례 ········· 36

「첨부 1」 위생용품의 표시기준 관련 자주 하는 질문
「첨부 2」 위생용품의 표시기준
「첨부 3」 [별표] 표시사항별 세부표시기준

Ⅰ 개요

1. 목적

이 가이드라인은 「위생용품 관리법」 제11조, 제12조, 제12조의2 및 「위생용품 관리법 시행규칙」 제18조, 제19조에 따라 위생용품에 표시하여야 하는 사항과 허위·과대·비방 표시·광고 범위 등에 관한 세부 내용과 주의사항을 기술함으로써 영업자에게 올바른 표시·광고를 할 수 있도록 돕고 소비자에게 유용하고 이해하기 쉬운 정보를 제공하는 것을 그 목적으로 한다. 또한, 「위생용품 관리법」 개정('24.2.6.)으로 식품 모방 위생용품을 판매 및 판매할 목적으로 제조·가공·소분·수입 등을 금지하는 규정이 신설(시행 '24.8.7.)됨에 따라, 식품 모방 위생용품으로 판매금지에 해당할 수 있는 제품 사례를 공유함으로써 영업자의 원활한 업무를 지원하고자 한다.

2. 관련 법령 및 규정

이 가이드라인과 관련 있는 주요 법령과 규정은 다음과 같다.

1) 「위생용품 관리법」 제11조(표시기준), 제12조(허위표시 등의 금지), 제12조의2(식품으로 오인할 수 있는 위생용품의 판매 등 금지)와 「위생용품 관리법 시행규칙」 제18조(표시사항 등), 제19조(허위·과대·비방 표시·광고의 범위) 등이 있다. 시행규칙 제19조 관련 [별표 4] "허위·과대·비방 표시·광고의 범위"에서는 보다 상세하게 설명되어 있다.

2) 하위 규정으로는 "위생용품의 표시기준"(식약처 고시 제2022-68호)이 있다.

3. 적용 범위, 한계점 등 안내

1) 이 가이드라인은 위생용품 제조업자·수입업자·처리업자·판매자가 제조·수입·위생처리·판매하는 위생용품 19종의 표시·광고에 적용한다.

2) 수출용 위생용품의 경우 이 가이드라인에 따른 표시사항을 적용하지 않을 수 있으며, 허가 사항에 근거하여 수출국의 법규에 따라 기재할 수 있다.

3) 이 가이드라인에서 명시적으로 열거되지 않은 사항이라고 해서 부당한 표시·

광고 행위에 포함되지 않는 것은 아니며, 또한 특정 행위가 이 가이드라인에서 제시된 행위(사례)에 포함되더라도 소비자를 오인시킬 우려가 없거나 공정한 거래 질서를 저해할 우려가 없는 경우에는 부당한 표시·광고 행위로 규정되지 않을 수 있다.

4) 각 위생용품 제조업자·수입업자·처리업자·판매자는 「위생용품 관리법」 개정 취지 및 조문 규정 등을 참고하여 「위생용품의 표시기준」에 적합한지 여부를 심도 있게 검토한 후 개발 제품에 적용한다.

5) 특히, 위생용품의 표시사항은 사전 허가·검토 등 제도를 운영하지 않으므로 개별제품 표시·광고의 적절성은 각 위생용품 제조업자·수입업자·처리업자 등이 영유아·어린이 등 취약계층의 안전성 확보 차원에서 면밀히 검토하여 판단한다.

Ⅱ. 위생용품 표시·광고

1. 위생용품 표시·광고의 정의

1) 「위생용품 관리법」에서는 표시에 대한 정의는 없으나, 법 제11조(표시기준)에서는 판매·대여를 목적으로 하는 위생용품의 경우에는 제품명, 업체명 및 제조연월일 등을 위생용품에 표시토록 규정하고 있다.

<표시 정의 관련 참고 법령>

식품등의 표시·광고에 관한 법

제2조(정의) 이 법에서 사용하는 용어의 뜻은 다음과 같다.
1. ~ 6. (생략)
7. "표시"란 식품, 식품첨가물, 기구, 용기·포장, 건강기능식품, 축산물(이하 "식품등" 이라 한다) 및 이를 넣거나 싸는 것(그 안에 첨부되는 종이 등을 포함한다)에 적는 문자·숫자 또는 도형을 말한다.

표시·광고의 공정화에 관한 법

제2조(정의) 이 법에서 사용하는 용어의 뜻은 다음과 같다.
1. "표시"란 사업자 또는 사업자단체(이하 '사업자등'이라 한다)가 상품 또는 용역(이하 '상품등'이라 한다)에 관한 다음 각 목의 어느 하나에 해당하는 사항을 소비자에게 알리기 위하여 상품의 용기·포장(첨부물과 내용물을 포함한다), 사업장 등의 게시물 또는 상품권·회원권·분양권 등 상품등에 관한 권리를 나타내는 증서에 쓰거나 붙인 문자·도형과 상품의 특성을 나타내는 용기·포장을 말한다.
   가. 자기 또는 다른 사업자등에 관한 사항
   나. 자기 또는 다른 사업자등의 상품등의 내용, 거래 조건, 그 밖에 그 거래에 관한 사항

2) 「위생용품 관리법」에서는 광고의 정의를 규정하고 있지 않으나, 통상적으로 「식품표시광고법」 및 「표시·광고의 공정화에 관한 법」에서 정하는 사항을 따라, "위생용품 광고"란 위생용품 제조업자나 수입업자가 용기·포장,라디오·텔레비전·신문·잡지·음악·영상·인쇄물·간판·인터넷·SNS 또는 그 밖의 방법으로 위생용품의 명칭·제조 방법·품질·원료·성분 또는 사용에 대한 정보를 나타내거나 알리는 행위를 말한다.

〈광고 정의 관련 참고 법령〉

식품등의 표시·광고에 관한 법

제2조(정의) 이 법에서 사용하는 용어의 뜻은 다음과 같다.

2. ~ 9. (생략)
10. "광고"란 라디오·텔레비전·신문·잡지·인터넷·인쇄물·간판 또는 그 밖의 매체를 통하여 음성·음향·영상 등의 방법으로 식품등에 관한 정보를 나타내거나 알리는 행위를 말한다.

표시·광고의 공정화에 관한 법

제2조(정의) 이 법에서 사용하는 용어의 뜻은 다음과 같다.

1. (생략)
2. "광고"란 사업자등이 상품등에 관한 표시사항을 「신문 등의 진흥에 관한 법률」 제2조제1호 및 제2호에 따른 신문·인터넷신문, 「잡지 등 정기간행물의 진흥에 관한 법률」 제2조제1호에 따른 정기간행물, 「방송법」 제2조제1호에 따른 방송, 「전기통신기본법」 제2조제1호에 따른 전기통신, 그 밖에 대통령령으로 정하는 방법으로 소비자에게 널리 알리거나 제시하는 것을 말한다.

2. 위생용품 표시기준의 구성

위생용품 표시기준(식품의약품안전처 고시 제2022-68호)은 총칙, 공통표시기준, 개별표시사항 및 표시기준, [별표] 표시사항별 세부표시기준으로 이루어져 있다.

1) 총칙

총칙에서는 위생용품의 표시기준 목적, 구성, 용어의 정의에 대한 설명이 기재되어 있다.

2) 공통표시기준

위생용품 19종에 대하여 제품의 최소 판매·대여 단위별 용기·포장에 표시하고, 스티커, 라벨(Label) 또는 꼬리표(Tag)를 사용하는 경우 등 표시방법에 대한 사항을 기재하고 있다. 또한, 한글표시사항에 있어 한자나 외국어를 혼용하거나 병기할 경우 표시방법과 활자크기, 시각장애인을 위한 점자표시, QR 코드 또는 음성변환용 코드 등의 표시방법, 위생용품의 소분 후 재포장 방법, 수입 위생용품의 표시 방법 등을 기재하고 있다.

- 소비자에게 판매·대여하는 제품의 최소 판매·대여 단위별 용기·포장에 개별

표시사항 및 표시기준에 따라 표시하여야 한다.
- 예를 들어 소비자에게 판매·대여하는 최소판매단위가 박스인 경우에는 박스에, 낱개인 경우에는 낱개에 개별 표시사항을 적합하게 표시하여야 한다.

(예시) 최소판매단위

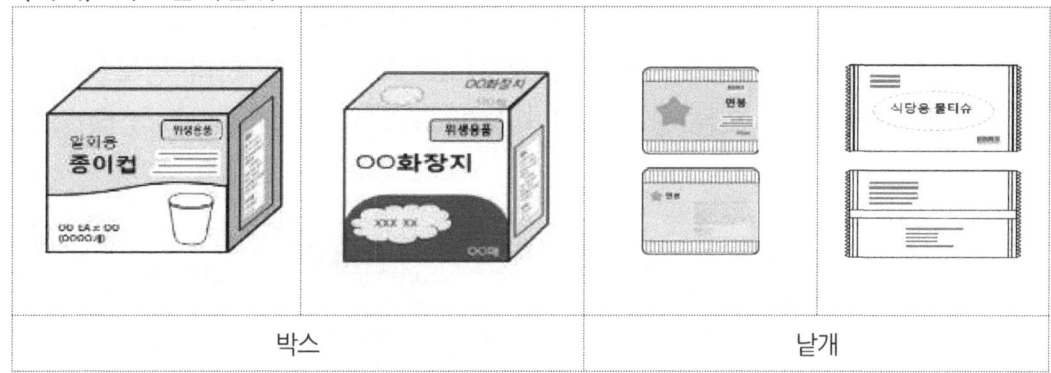

| 박스 | 낱개 |

- 표시는 지워지지 아니하는 잉크로 인쇄하거나 각인 또는 소인 등을 사용하여야 하나, 다음의 경우에는 스티커, 라벨(lable) 또는 꼬리표(tag)를 떨어지지 않게 부착하여 사용할 수 있다.

〈스티커, 라벨(lable) 또는 꼬리표(tag) 사용 가능 관련 고시〉

「위생용품의 표시기준」 Ⅱ. 공통표시기준

1. 표시방법
   가. 생략
   나. 표시는 지워지지 아니하는 잉크로 인쇄하거나 각인 또는 소인 등을 사용하여야 한다. 다음의 어느 하나에 해당하는 경우에는 스티커, 라벨(lable) 또는 꼬리표(tag)를 사용할 수 있으나 이를 떨어지지 아니하게 부착하여야 한다.
   1) 제품포장의 특성상 잉크·각인 또는 소인 등으로 표시하기가 불가능한 경우
   2) 소비자에게 직접 판매되지 아니하고 위생용품제조업소에서 원료로 사용될 목적으로 공급되는 원료용 제품의 경우
   3) 신고관청에서 변경신고를 수리한 영업소의 명칭 및 소재지를 표시하는 경우
   4) 제조연월일, 유통기한을 제외한 위생용품의 안전과 관련이 없는 경미한 표시사항으로 관할 신고관청에서 승인한 경우

- 한글로 표시하여야 하고 한자나 외국어를 혼용·병기할 수 있다. 이 경우 한자나 외국어는 한글표시의 활자와 같거나 작은 크기의 활자로 표시하여야 하며,

수입 위생용품과 「상표법」에 따른 등록된 상표는 한글표시 활자보다 크게 표시할 수 있다.

- 시각장애인을 위해 제품명, 제조연월일 등을 점자로 표시(스티커 허용)할 수 있으며, 원료명 등을 QR 코드 또는 음성변환용 코드와 함께 표시할 수 있다.
- 소비자가 쉽게 알아볼 수 있도록 눈에 띄게 주표시면과 정보표시면을 구분하여 바탕색의 색상과 구분되는 색상으로 표시하여야 하며 정보표시면에는 표시사항별로 표 또는 단락 등을 나누어 표시하여야 한다.

〈주표시면과 정보표시면〉

구분	주표시면	정보표시면
정의	용기·포장의 표시면 중 상표, 로고 등이 인쇄되어 있어 소비자가 위생용품을 구매할 때 통상적으로 소비자에게 보여지는 면	용기·포장의 표시면 중 소비자가 쉽게 알아볼 수 있도록 표시사항을 모아서 표시하는 면
표시사항	- "위생용품"이라는 글자 - 제품명 - 내용량	- 영업소의 명칭 및 소재지 - 제조연월일 - 유통기한 - 원료명 또는 성분명 - 위생용품 유형 - 주의사항

- 위생용품을 소분(완제품을 나누어 유통을 목적으로 재포장)한 경우에는 원래 표시사항을 변경하여서는 아니 되나 내용량, 영업소의 명칭 및 소재지를 소분사항에 맞게 표시하여야 한다.
- 수출국에서 유통 중인 수입 위생용품은 수출국 표시사항이 있어야 하고, 한글 표시사항을 스티커로 표시 가능하다(수출국의 제품명, 원료명, 제조연월일 등 주요 표시를 가리면 안됨).
- 표시함에 있어 활자 크기는 규정된 글자 크기를 따르며 정보표시면 면적이 부족(「위생용품의 표시기준」에서 정한 표시사항(타법 표시사항 포함)만을 표시하기에도 부족한 경우)한 경우 정해진 활자크기를 따르지 아니할 수 있으며, 다른 법령에서 표시사항 활자크기를 규정하고 있는 경우에는 그 법령에서 정한

활자 크기를 따른다.

<표시사항별 활자크기>

표시장소	표시사항	활자크기
주표시면	"위생용품"이라는 글자	7포인트 이상
	제품명	7포인트 이상
	내용량	7포인트 이상
정보표시면	영업소의 명칭 및 소재지	7포인트 이상
	제조연원일	7포인트 이상
	원료명 또는 성분명	7포인트 이상
	기타사항	6포인트 이상

※ 포인트는 한국산업표준 KS A 0201(활자의 기준 치수)이 정하는 바에 따라 활자의 크기를 표시하는 단위

- 세트포장(두 종류 이상의 각각 다른 제품을 함께 판매할 목적으로 포장된 제품을 말함) 제품의 외포장지에는 이를 구성하고 있는 각 제품에 대한 표시사항을 각각 표시하여야 하나, 소비자가 완제품을 구성하는 각 제품의 표시사항을 명확히 확인 가능한 경우 제외한다.

(예시) 세트 포장 구성

위생용품+화장품, 위생용품+의약외품, 위생용품+위생용품

☞ 화장품 및 의약외품과 함께 세트포장 형태로 구성된 위생용품도 표시 규정에 따라 주표시면과 정보표시면으로 구분하여 표시하여야 하나, 전체 제품이 위생용품으로 오인·혼동될 우려(주표시면에 위생용품이라는 글자가 들어가면 화장품 및 의약외품도 위생용품으로 간주 될 수 있음)가 있어 현실적으로 구분표시가 어려운 경우 주표시면 표시사항을 정보표시면에 표시할 수 있다.

3) 개별 표시사항 및 표시기준

개별 표시사항 및 표시기준에서는 1. 세척제부터 19. 물티슈용 마른 티슈까지 개별

품목에 따른 표시사항을 및 표시기준을 설명하고 있으며 개별 품목에 따라 아래와 같은 표시사항을 기재하여야 한다.

   가. "위생용품"이라는 글자
   나. 제품명
   다. 영업소의 명칭 및 소재지
   라. 내용량
   마. 제조연월일
   바. 원재료명 또는 성분명
   사. 위생용품의 유형
   아. 사용 및 보관상 주의사항(해당되는 경우에 한함)
   자. 사용기준(해당되는 경우에 한함)
   차. 적용대상(해당되는 경우에 한함)
   카. 재활용에 대한 표시(해당되는 경우에 한함)

 4) [별표] 표시사항별 세부표시기준

   첨부 2에 기재되어 있는 표시사항별 세부 표시기준에서는 개별 표시사항 및 표시기준을 "위생용품이라는 글자"부터 "사용 및 보관상 주의사항", "재활용에 대한 표시" 등 개별 위생용품에 대한 세부적인 표시 방법을 설명하고 있으므로 영업자와 수입업자들은 [별표] 표시사항별 세부 표시기준을 필수적으로 잘 숙지하고 표시하여야 한다.

3. 위생용품 주요 표시기준 안내

위생용품 표시는 위생용품 표시기준에 따라 최소판매대여 단위별 용기·포장에 표시하여야 하며, 아래 내용은 위생용품 표시내용 중 자주하는 질문 위주로 작성하였다.

 1) 위생용품 글상자

   '위생용품'이라는 글자는 주표시면에 바탕색상과 구분되도록 글상자안에 표시하도록 규정하고 있으며, 아래와 같이 표시가능하다.

(예시) 위생용품 글상자

| 위생용품 | 바탕색상 | 위생용품 | 바탕색상(흰색) | 위생용품 | 바탕색상(흰색) |

2) 제품명

- 제품의 고유명칭으로 표시하며,「위생용품 관리법」제3조제4항에 따른 품목제조보고(세척제, 헹굼보조제, 식품접객업소용 물티슈, 일회용 기저귀, 일회용 팬티라이너)한 위생용품은 신고관청에 신고한 명칭으로 표시하여야 한다.

- 또한, 같은 법 제8조에 따른 수입신고한 위생용품은 수입신고한 명칭으로 표시하여야 한다.

- 제품명에 상호·로고 또는 상표 등의 표현을 함께 사용할 수 있다.

- 수출국에서 표시한 수입위생용품의 제품명을 한글로 표시하고자 하는 경우는「외래어 표기법」에 따라 표시하거나, 번역하여 표시할 수 있으며 표시기준에 적합해야 한다.

※ 참고 사항

☑ 위생용품의 기준 및 규격(개정, '21.12.23)
- 세척제 사용 대상과 유형에 대해 소비자들이 쉽고 정확한 정보를 제공하기 위해「위생용품의 기준 및 규격」(식약처 고시)의 **세척제 유형을 변경**

기존	변경 ('23.7.1부터 시행)
1종	과일·채소용 세척제
2종	식품용 기구·용기용 세척제
3종	식품 제조·가공장치용 세척제

- 세척제 유형변경에 따라 **위생용품의 표시사항 중 "위생용품의 유형"을 변경된 유형으로 표시**하여야함 ('23.7.1부터 시행)

* 위생용품의 유형: 법 제10조에 따른「위생용품의 기준 및 규격」에 위생용품의 유형이 분류된 위생용품은 그 유형을 표시

☑ 영업자 안내사항
- 세척 대상에 따라 세척제 유형을 정하기!

- 영업자가 제품을 제조시 대상을 명확히 하고 해당 대상에 따른 유형으로 제품명, 원료, 품목제조보고를 하여야 함
- 사용된 성분이 과일·채소용 세척제에 사용되는 성분으로 제조되었다 하더라도, **세척 대상**이 과일이 아닌 **'젖병'이라면 '식품용 기구·용기용 세척제'에 해당**

■ 제품의 '유형과 제품명' 검토해보기!

- 세척제 유형에 부합된 제품명 사용하여 소비자에게 올바른 정보제공

⇒ 1종은 세척 대상으로 유형을 명시하도록 개정하였으므로 사용 금지
⇒ 식기, 오븐, 젖병, 그릇, 디쉬, 설거지의 문구는 세척 대상이 식품용 기구·용기로 판단되므로 세척제 유형은 '식품용 기구·용기용 세척제' 해당
⇒ 베이비의 문구는 세척 대상이 식품용 기구·용기(젖병)로 판단되므로 세척제 유형은 '식품용 기구·용기용 세척제' 해당

■ 변경사항은 이렇게!

- 세척제 유형 유지, 제품명 변경할 경우 : **품목제조보고 변경보고 필요**

<예시>

구분	기존	⇒	변경
제품명	아기 젖병 세척제		**주방 세척제**
유형	과일·채소용 세척제		동일

- 세척제 유형 변경, 제품명 유지할 경우 : **기존 품목제조보고 중지, 신규 품목제조보고**

<예시>

구분	기존	⇒	변경
제품명	아기 젖병 세척제		동일
유형	과일·채소용 세척제		**식품용 기구·용기용 세척제**

3) 업소명 및 소재지

- 위생용품제조업 및 위생물수건처리업소, 위생용품수입업소의 업소명과 소재지는 영업신고증에 기재된 명칭(상호)과 소재지를 표시하여야 하며, 소재지의 경우 반품교환업무를 대표하는 소재지를 표시할 수 있다.

- 위생용품수입업소의 경우 해당 수입위생용품의 제조업소명을 모두 표시하여야 하며, 제조업소명이 외국어로 표시된 경우 한글로 따로 표시하지 아니할 수 있다.

- 소분 또는 유통을 전문으로 판매하고자 하는 경우 아래와 같이 위생용품제조업소와 판매업소, 소분업소의 명칭과 소재지(또는 반품교환업무를 대표하는 소개지)를 모두 표시하여야 한다.

    (예시) 소분하여 재포장하는 위생용품
    제조(소분)업소 : 영업소의 명칭, 소재지
    제조(수출)업소 : 영업소의 명칭

    (예시) 유통을 전문으로 자신의 상표로 유통·판매하는 위생용품
    제조업소 : 영업소의 명칭, 소재지
    판매업소 : 영업소의 명칭, 소재지

4) 원재료명 또는 성분명

- 위생용품의 제조에 사용된 모든 원재료명 또는 성분명을 기재해야 한다. 다만, 제조과정 중 첨가되어 최종제품에 불활성화되는 효소나 제거되는 원료·성분은 그 명칭을 표시하지 않을 수 있다.

- 원료명 또는 성분명을 제품명의 일부로 사용하거나 주표시면에 표시하는 경우 해당 원료명 또는 성분명과 그 함량을 표시하여야 한다.

    (예시) 원료명을 제품명에 사용한 경우
    제품명이 '녹차△△주방세제'인 경우, '녹차추출물 0.0%' 표시

- 향료를 사용한 경우 그 향의 명칭[예시 : ○○향]만을 표시할 수 있다. 다만 해당 향료에 「화장품법 시행규칙」 제19조제7항 및 별표 4에 따른 「화장품 사용할 때의 주의사항 및 알레르기 유발성분 표시에 관한 규정」(식약처 고시)에서 정하는 알레르기 유발성분이 포함되어 있는 경우에는 해당 성분의 명칭과 함께 표시하여야 한다[예시 : ○○향(명칭)].

> ※ 참고사항

알레르기 유발물질을 다른 원료와 함께 표시하는 경우 소비자가 인지하기 어려움이 있으므로 영업자는 소비자 안전 확보를 위해 알레르기 유발성분 표시를 눈에 띄는 방법으로 표시할 수 있음

(예시) 세척제에 향료(알레르기 유발성분)를 사용한 경우

① 눈에 띄도록 굵은 글씨체로 표시하거나, 활자 크기 7포인트 이상 표시

> 성분명 : 정제수, 수산화나트륨, **레몬향(리모넨)**, 탄산수소나트륨

② 바탕색과 구분되도록 표시

> 성분명 : 정제수, 수산화나트륨, 레몬향(리모넨), 탄산수소나트륨

③ 성분명 근처에 별도표시란을 마련하여 표시

성분명	정제수, 수산화나트륨, 레몬향(리모넨), 탄산수소나트륨
	알레르기 유발물질 : 리모넨

④ 알레르기 유발 관련 문구를 사용하여 표시

> 성분명: 정제수, 수산화나트륨, 레몬향(리모넨), 탄산수소나트륨
> * 제품에 사용된 향료 성분은 알레르기를 유발할 수 있습니다.

착향제의 구성 성분 중 알레르기 유발성분
(「화장품 사용할 때의 주의사항 및 알레르기 유발성분 표시에 관한 규정」)

연번	성분명	CAS 등록번호
1	아밀신남알	CAS No 122-40-7
2	벤질알코올	CAS No 100-51-6
3	신나밀알코올	CAS No 104-54-1
4	시트랄	CAS No 5392-40-5
5	유제놀	CAS No 97-53-0
6	하이드록시시트로넬알	CAS No 107-75-5
7	아이소유제놀	CAS No 97-54-1
8	아밀신나밀알코올	CAS No 101-85-9
9	벤질살리실레이트	CAS No 118-58-1
10	신남알	CAS No 104-55-2
11	쿠마린	CAS No 91-64-5
12	제라니올	CAS No 106-24-1
13	아니스알코올	CAS No 105-13-5
14	벤질신나메이트	CAS No 103-41-3
15	파네솔	CAS No 4602-84-0
16	부틸페닐메틸프로피오날	CAS No 80-54-6
17	리날룰	CAS No 78-70-6
18	벤질벤조에이트	CAS No 120-51-4
19	시트로넬올	CAS No 106-22-9
20	헥실신남알	CAS No 101-86-0
21	리모넨	CAS No 5989-27-5
22	메틸 2-옥티노에이트	CAS No 111-12-6
23	알파-아이소메틸아이오논	CAS No 127-51-5
24	참나무이끼추출물	CAS No 90028-68-5
25	나무이끼추출물	CAS No 90028-67-4

※ 다만, 사용 후 씻어내는 제품에는 0.01% 초과, 사용 후 씻어내지 않는 제품에는 0.001% 초과 함유하는 경우에 한함

5) 사용기준 및 사용방법

- 세척제와 헹굼보조제의 경우 제품별 표준사용농도와 사용방법을 표시하여야 하며 다만, 별도 희석 없이 그대로 사용하는 비누 형태나, 일체형 세척제 제품 등 제품 특성상 표준 사용 농도를 명확하게 정하기 어려운 경우 표시 생략이 가능하다.

6) 사용 및 보관상 주의사항

- 사용 및 보관상 주의사항이 해당되는 경우 표시하여야 하며, 표시기준의 개별 표시사항을 참고하여 제품별 특성에 맞게 주의사항을 표시하여야 한다.

> **(예시) 일회용 면봉 중 '어린이용'의 경우**
> "영·유아의 귀, 코 안쪽 깊이 넣지 마십시오", "영·유아가 직접 사용하지 않게 하십시오"의 문구 표시

4. 위생용품 표시·광고시 준수사항

위생용품의 표시·광고에 있어 「위생용품 관리법」 제12조에 따라 누구든지 위생용품 표시·광고 시 사실과 다른 과장된 표시·광고, 소비자를 기만하거나 오인·혼동시킬 우려가 있는 표시·광고, 다른 업체 또는 그 업체의 제품을 비방하는 표시·광고는 할 수 없도록 규정하고 있다.

※ 허위·과대·비방 표시·광고의 범위는 「위생용품 관리법 시행규칙」 제19조에 규정하고 있으며, 세부 내용은 [첨부 3]을 참고

<근거 법령>

「위생용품 관리법」

제12조(허위표시 등의 금지) ① 누구든지 위생용품의 성분·용도·효과에 관하여 다음 각 호의 어느 하나에 해당하는 표시·광고를 하여서는 아니 된다.
 1. 사실과 다르거나 과장된 표시·광고
 2. 소비자를 기만하거나 오인·혼동시킬 우려가 있는 표시·광고
 3. 다른 업체 또는 그 업체의 제품을 비방하는 표시·광고
② 제1항에 따라 금지되는 표시·광고의 범위와 그 밖에 필요한 사항은 총리령으로 정한다.

Ⅲ 부당한 위생용품의 표시·광고 사례

위생용품의 표시·광고에 대한 본 가이드라인은 「위생용품 관리법」의 규정에 근거하여 준수하여야 할 사항과 근거법령, 기준, 부적합한 사례 등으로 작성되었다.

다만, 광고의 적정성 여부는 광고주체. 목적, 구체적인 내용, 신고(영업, 수입 등)사항 및 일반 소비자가 받아들이는 전체적인 맥락(이미지, 인상 등)을 종합적으로 검토하여 개별 판단되어야 하며, 기준과 사례는 사항별에 한해 참고 또는 권고사항으로 활용되어야 한다.

1. 사실과 다르거나 과장된 표시·광고

① 「위생용품 관리법」 제3조 및 제4조에 따라 신고한 사항이나 법 제8조에 따라 수입신고한 사항과 다른 내용의 표시·광고

1) 업소명, 소재지, 영업의 종류 등 영업신고(휴·폐업, 재개업 신고 포함)한 사항과 수입 위생용품의 신고사항에 대해 사실과 다른 내용으로 표시·광고하여서는 아니된다.

2) 유통을 전문으로 하는 판매자가 자신의 제품으로 제조·수입한 것으로 오인 할 수 있는 표현은 표시·광고를 하지 않아야 하며, 판매자의 정보를 표시하고자 하는 경우 판매자를 명확히 표시하여야 한다.

    - 영업의 신고시 신고한 사항과 다른 내용의 광고를 하는 경우

> ※ 참고 법령
>
> **위생용품제조업 영업신고사항(시행규칙 별지 제1호)**
> - 신고인 : 성명, 주민등록번호/외국인등록번호, 주소, 전화번호
> - 영업소의 명칭 또는 상호
> - 전화번호
> - 영업의 종류 : 위생용품제조업(제조·가공, 소분), 위생물수건처리업
> - 제조·가공·소분하는 위생용품의 종류 : 세척제 등(위생물수건처리업은 제외)
> - 영업소 면적 및 소재지

- 휴업·폐업 및 재개업의 신고시 신고한 사항과 다른 내용의 광고를 하는 경우

> **※ 참고 법령**
>
> **영업의 휴업·폐업 등 신고사항(시행규칙 별지 제10호)**
> - 신고인 : 성명, 생년월일, 주소
> - 영업소 : 명칭 또는 상호, 전화번호, 소재지
> - 영업의 구분 : 제조업, 수입업, 위생물수건처리업, 영업신고번호

- 수입 위생용품의 신고시 신고한 사항과 다른 내용의 광고를 하는 경우

> **※ 참고 법령**
>
> **수입 위생용품의 수입 신고사항(시행규칙 별지 제13호)**
> - 수입신고인 : 사업자등록번호, 성명, 명칭 또는 상호, 업종, 소재지, 영업신고번호
> - 제조업자 : 사업자등록번호, 성명, 명칭 또는 상호, 업종, 소재지, 영업신고번호
> - 제품명, 한글명, 종류, 총수량, 순중량, 과세가격, 총항수(항번), 화물관리번호, 선하증권(B/L)번호, 용도, 성분·재질
> - 제조연월일 및 유통기한(해당제품에 한함)
> - 생산국(제조국), 수출국, 국외제조업소(회사명, 소재지), 수출업소(회사명, 소재지)
> - 선적일, 선적항, 입항일, 선명(기명), 국내 도착항
> - 검사(반입) 장소, 영업소의 명칭 또는 상호, 성명, 소재지, 반입일, 검사기관 등

② 해당 위생용품의 명칭, 원료, 제조방법, 성분, 용도, 품질 등과 다른 내용의 표시·광고

1) 해당 위생용품의 **명칭**이 다른 내용의 표시·광고하여서는 아니된다.

 - 표시·광고시 위생용품의 명칭은 식약처에 신고한 명칭을 사용하는 것을 원칙으로 하고, 위생용품의 명칭이 신고한 내용과 다르더라도 일반적으로 통용되거나 과장의 여지가 없는 경우 신고 명칭과 병기(또는 병용)하여 사용하는 것은 가능하다.

   (예시) 통용되는 명칭
   > 물티슈용 마른티슈=코인티슈, 일회용 숟가락=위생수저

   부적합 사례
   > ▶ 제품명과 세척제 유형이 일치하지 않은 경우로 제품명이 '젖병 세척제'임에도 불구하고 유형을 '과일·채소용 세척제'로 표시·광고한 사례

2) 해당 위생용품의 **원료 및 성분**과 다른 내용의 표시·광고하여서는 아니된다.

 - 실제 위생용품에 사용되지 않은 원료나 성분이 포함된 것처럼 과장하거나 반대로 사용된 성분을 사용하지 않았다고 축소하지 않아야 한다.

 - 제품의 일부 부자재만을 국내에서 제조한 사실만을 강조하여 국내에서 완제품을 생산한 것처럼 거짓으로 광고하지 않아야 한다.

 - 수입 원료를 사용하지 아니하였음에도 불구하고 수입 원료를 사용한 것처럼 광고하는 행위나 제품의 일부 부자재만을 외국산으로 사용하고도 외국산 수입제품으로 허위 광고하지 않아야 한다.

 - 부원료나 일부 성분을 가지고 주된 성분, 주원료로 오인되는 광고를 하지 않아야 한다. 다만, 표시기준에 따른 원료명 및 성분명을 일부로 사용하여 광고하는 경우 특정 원료(성분)이 잘 보이는 곳에 함량을 표시하여 소비자가 오인·혼동 되지 않도록 광고할 수 있다.

 - "유해성분" 등 객관적 기준이 없는 모호한 용어 사용은 지양하고 정확한 원료명(성분명)을 사용하고, 그 사실관계를 객관적 자료 등을 통해 입증된 경우 입증자료 범위 내에서 사용할 수 있다.

> **※ 참고 법령**
>
> **위생용품의 표시기준([별표] 표시사항별 세부표시기준)**
> - 위생용품의 제조에 사용된 모든 원료명 또는 성분명을 표시하여야 한다.
> - 원료명 또는 성분명은 법 제10조에 따른 「위생용품의 기준 및 규격」(식품의약품안전처 고시), 표준국어대사전 등을 기준으로 대표명을 선정한다.
> - 원료명 또는 성분명을 제품명의 일부로 사용하거나 주표시면에 표시하는 경우 해당 원료명 또는 성분명과 그 함량을 표시하여야 한다.
> - 향료를 사용한 경우 그 향의 명칭[예시: ○○향]만을 표시할 수 있다. 다만, 해당 향료에 「화장품법 시행규칙」 제19조제6항 및 별표 4에 따른 「화장품 사용 시의 주의사항 및 알레르기 유발성분 표시에 관한 규정」(식품의약품안전처 고시)에서 정하는 알레르기 유발성분이 포함된 경우에는 해당 성분의 명칭을 함께 표시하여야 한다[예시: ○○향(명칭)].

3) 해당 위생용품의 **제조방법**이 다른 내용의 표시·광고하여서는 아니된다.

- 제조공정에 대한 객관적인 근거 없이 "특수공법", "첨단기술", "인체공학"의 제조공법" 등 거짓으로 과장하여 표시·광고하지 않아야 한다.

4) 해당 위생용품의 **용도**(사용방법, 주의사항 포함)가 다른 내용의 표시·광고하여서는 아니된다.

- 상품의 용도, 사용방법, 주의사항 등에 관하여 사실과 다르게 표시·광고하지 않아야 하며, 위생용품의 유형에 맞게 표시·광고하여야 한다.

> **부적합 사례**
>
> ▶ 세척제의 경우 식품 또는 식품첨가물을 사용 시 '식품 또는 식품첨가물과 오인·혼동되는 표현 및 먹을 수 있다'는 문구 등과 같은 내용의 표시·광고

- 다만, 키친타월과 세척제의 경우 소비자가 다목적으로 사용하는 등 현실, 기준 규격 등을 고려하여 용도, 목적을 다양하게 표시·광고 가능하다.

☞ 키친타월에 한하여 핸드타월(손)과 일회용 행주(식품용 기구, 식탁)의 용도로 표시·광고 가능하지만, 일회용 행주와 핸드타월 제품을 키친타월의 용도로 또는 핸드타월을 일회용 행주 용도로 표시·광고하지 않아야 한다.

> ※ 참고 법령
>
> **위생용품의 기준 및 규격(적용범위 / 규격항목)**
> - 키친타월 : 식품과 접촉되어 사용되는 타월 / PCBs, 비소, 납, 포름알데히드, 형광증백제
> - 핸드타월 : 화장실 등에서 손의 물기 제거 등의 용도로 사용되는 수세용 타월 / 포름알데히드
> - 일회용 행주 : 주방에서 식품용 기구나 식탁 등을 닦기 위하여 사용되는 일회용 제품(최초 사용시 세척하지 않고 사용하는 제품으로 수회 사용 후 폐기하는 제품 포함)으로서 종이제 등으로 만들어진 건조 제품에 대해 적용 / 포름알데히드, 형광증백제

☞ 과일·채소용 세척제는 제품명과 유형이 명확한 경우, 사용 범위 내에서 추가 표시·광고(식기세척) 가능하다.

(예시) 제품명 'oo과일세제', 유형 '과일·채소용 세척제'
> 제품명과 유형이 명확한 경우, 식기 세척도 가능하다는 추가 문구 허용

5) 해당 위생용품의 **품질**(성능 포함)이 다른 내용의 표시·광고하여서는 아니된다.

- 제품에 대한 품질(성능 포함)을 거짓 또는 과장하여 표시·광고하지 않아야 하며, 표시·광고시 그 사실관계를 객관적·과학적으로 입증하여 정확한 내용으로 표시·광고하여야 한다.

(예시) 기저귀 흡수력 표시·광고
> '1초 흡수력', '자사 기저귀 대비 흡수력 0배 증가' 등의 문구로 표시·광고한 경우, 그 사실관계가 명확하고 이를 객관적·과학적으로 입증할 수 있는 경우에 한해 가능

- 품질(성능)을 외국어로 표시·광고할 경우 통상적인 표현은 가능하나, 해당 표현이 다양한 의미로 해석될 여지가 있으므로 사용에 주의하여야 한다.

- 위생용품 목적에 맞는 표시·광고는 가능하나, 치료효과와 효능이 있는 것으로 오인하는 표시·광고는 하지 않아야 한다.

부적합 사례
> ▶ 위생용품의 목적과 무관한 효능·효과 강조하는 표시·광고
> * 예시1 : 세척제를 사용시 '피부미용, 피부노화 방지' 등의 표시·광고
> * 예시2 : 기저귀에 '아토피, 피부질환' 등의 질병 효능·효과가 있는 표시·광고

③ 제조연월일을 표시함에 있어서 사실과 다른 내용의 표시·광고

1) 제조연월일을 표시하여야 하는 위생용품은 실제의 제조연월일과 다르게 거짓으로 표시·광고하여서는 아니된다.

> ※ 참고 법령
>
> **위생용품 표시기준**
> - "제조연월일"이라 함은 포장을 제외한 더 이상의 제조·가공·위생처리가 필요하지 아니한 시점(포장 후 살균 등과 같이 별도의 공정을 거치는 제품은 최종공정을 마친 시점)을 말한다. 다만, 소분 포장하는 제품은 소분용 원료제품의 제조연월일을 말한다.
> - "위생용품"이라는 글자, 제품명, 영업소의 명칭 및 소재지, 내용량, 제조연월일, 원료명 또는 성분명의 글자 크기는 7포인트 이상이어야 한다.
> - 시각장애인을 위하여 제품명, 제조연월일 등의 표시사항을 보기 쉬운 위치에 점자로 표시할 수 있다. 이 경우 점자표시는 스티커 등을 이용할 수 있다.
>
> **위생용품 표시기준 ([별표] 표시사항별 세부표시기준)**
> - 제조연월일은 "○○년○○월○○일", "○○.○○.○○.", "○○○○년○○월○○일" 또는 "○○○○.○○.○○."의 방법으로 표시하여야 한다.
> - 수입되는 위생용품에 표시된 수출국의 제조연월일의 "연월일"의 표시방법이 상기 기준과 다를 경우에는 소비자가 알아보기 쉽도록 "연월일"의 표시 순서 또는 읽는 방법을 예시하여야 하며, "연월"만 표시되었을 경우에는 "연월일" 중 "일"의 표시는 제품의 표시된 해당 "월"의 1일로 표시하여야 한다.
> - 제조연월일 표시가 의무가 아닌 국가로부터 제조연월일이 표시되지 않은 제품을 수입하여 제조연월일을 표시하고자 하는 경우 그 수입자는 제조국, 제조회사로부터 받은 제조연월일에 대한 증명자료를 토대로 하여 한글표시사항에 제조연월일을 표시하여야 한다.
> - 제조연월일을 주표시면 또는 정보표시면에 표시하기 곤란한 경우에는 해당 위치에 제조연월일의 표시 위치를 명시하거나, "별도표시" 등의 안내문구를 표시하여야 한다.

④ 효과를 표시함에 있어서 사실과 다른 내용의 표시·광고

1) 객관적인 증거없이 제품의 효과를 거짓 또는 과대·과장되게 표시·광고하여서는 아니된다.

- 과학적으로 증명할 수 없거나 객관적으로 사실 여부를 확인할 수 없는 추상적인 표현은 사용하지 않아야 한다.

  (예시) 세척제에 부수적으로 살균효과를 표시·광고 하는 경우
  > 제품의 주 용도가 세척이고 부수적인 효과로서 살균의 내용을 표시·광고 경우에는 그 사실관계가 명확하고 이를 객관적으로 입증할 수 있는 시험 결과(살균 조건에 대한 정확한 근거를 정확히 명시) 등이 있는 경우에 한하여 영업자 책임하에 해당 표시·광고가 가능하다.

- 관련 논문, 학술자료, 특허 등을 입증하여 광고하는 경우, 입증자료 내용을 유리한 내용만 일부 발췌하여 광고할 수 없으며 정확한 내용으로 표시·광고하여야 한다.

- 광고하려는 상품과 관련된 일반정보라고 할지라도 상품의 효과를 보증하는 것으로 오인할 염려가 있는 기사는 사용할 수 없다.

2. 소비자를 기만하거나 오인·혼동시킬 우려가 있는 표시·광고

① 외국어의 사용 등으로 외국제품으로 혼동할 우려가 있는 표시·광고 또는 외국과 기술 제휴한 것으로 혼동할 우려가 있는 내용의 표시·광고

1) 외국어의 사용 등으로 외국제품으로 혼동할 우려가 있는 표시·광고 또는 외국과 기술 제휴한 것으로 혼동할 우려가 있는 내용의 표시·광고하여서는 아니된다.

- 국내산 제품을 외국어로만 표시·광고하여 소비자를 기만하거나 오인·혼동시킬 우려가 있는 표시·광고하지 않아야 한다.

- 불법적으로 외국 상표·상호를 사용하는 광고나 거짓으로 외국과의 기술제휴 등을 표현하는 광고하지 않아야 한다.

- 외국회사와 기술 제휴하여 국내에서 생산·판매하는 상품을 외국 상표나 제조회사 명칭만 표시·광고하여 소비자가 외국제품으로 오인·혼동되지 않도록 표시·광고하여야 한다.

- 당해 상품의 제조국와 관계없는 국가의 문자, 국기 등을 사용하여 표시·광고하여 소비자가 이를 식별하기 곤란하게 표시·광고하지 않아야 한다.

②-1 그 원료의 명칭 등을 사용하여 화학적 합성품이 아닌 것으로 혼동할 우려가 있는 표시·광고(시행일: 2026.8.13.)

1) 사용된 주원료를 여타 부원료 등과 화학반응시켜 얻어진 제품임에도 불구하고 화학적 합성품이 아닌 것으로 표시·광고하지 않아야 한다.

②-2 "천연", "자연" 등의 용어("natural", "nature" 등 이와 유사한 의미의 외국어를 포함한다)를 사용(영업소의 명칭 또는 「상표법」에 따라 등록된 상표명에 포함된 경우는 제외한다)하여 화학적 합성품을 사용하지 않은 것으로 혼동할 우려가 있는 표시·광고(시행일: 2026.8.13.)

1) 일부의 성분만 천연 또는 천연유래 원료임에도 불구하고 모두 천연 또는 천연유래원료를 사용한 것으로 소비자가 오인·혼동하지 아니하도록 표시·광고하여야 한다.

☞ 천연유래원료 : 천연유래원료(동·식물성, 미네랄유래 원료 등)는 천연원료를 가지고 화학적 공정 또는 생물학적 공정에 따라 가공한 것(출처: 천연화장품 및 유기농화장품의 기준에 관한 규정)

☞ 재생펄프와의 구별을 위해 제지공정에서 이전에 사용한 적이 없는 펄프에 한해 제지류의 경우, 천연펄프 또는 천연유래펄프로 표시할 수 있다.

③ 경쟁상품과 비교하는 표시·광고의 경우 그 비교 대상 및 비교기준이 명확하지 않거나 비교내용 및 비교 방법이 적정하지 않은 내용의 표시·광고

1) 비교 대상 및 비교기준이 명확하지 않거나 비교내용 및 비교방법이 적정하지 않은 내용의 표시·광고하여서는 아니된다.

- 비교기준이 상이하거나 서로 다른 환경, 기간, 계절 등 동일하지 아니한 조건에서 비교한 결과로 소비자를 기만하거나 오인·혼동시킬 우려가 있는 표시·광고하지 않아야 한다.

- 비교내용이 유의적으로 차이가 없거나 아주 근소하여 성능이나 품질 등에 미치는 영향이 미미한데도 불구하고 경쟁상품의 성능이나 품질 등이 열등한 것으로 표시·광고하지 않아야 한다.

- 객관적이고 공정하지 않은 비교 방법으로 시험·조사한 결과를 그대로 인용하여 자사 상품이 우수한 것으로 왜곡된 표시·광고하지 않아야 한다.

- 경쟁상품에 관한 비교 표시·광고시 배타성을 띤 '최고' 또는 '최상' 등의 절대적 표현은 사용할 수 없다.

☞ 다만, 영업자가 명백히 입증할 수 있거나 또는 객관성이 있는 자료에 의해 절대적 표현이 사실에 부합되는 것으로 판단하여 완화된 표현으로 사용할 수 있다.

유일, 최상급 표현 및 광고 문구 용어정리에 대한 해석
■ 유일 : 환경 변화에 따라 변동될 수 있어 바람직하지 못한 표현에 해당됨으로 '최초' 문구로 변경이 바람직
■ 최초 : 객관적으로 입증 가능하므로 표시·광고 허용
■ 최대 : 기능성에 대해서 표현하는 것은 적절하지 않으나, 객관적인 데이터가 있는 경우 허용
■ 최대함량 : 비교기준이 명확한 경우 허용, 객곽적인 데이터를 가지고 있어야 함

④ 위생용품 시험·검사기관이 아닌 기관에서 법 제10조제1항에 따른 기준 및 규격에서 정한 검사항목을 검사한 결과를 이용한 표시·광고

1) 위생용품 시험·검사기관이 아닌 기관에서「위생용품의 기준 및 규격」에서 정한 검사항목을 검사한 결과를 이용한 표시·광고하여서는 아니된다.

- 기준 및 규격에서 정한 검사한 결과를 이용한 표시·광고는「위생용품 관리법」상 지정된 시험·검사기관의 결과만을 활용할 수 있다.

- 시험·검사기관의 명칭을 표시·광고하는 경우 약칭이 아닌 해당 기관명을 정확하게 표시하여 소비자에게 오인의 소지가 없도록 표시·광고하여야 한다.

> ※ 참고 법령
>
> **식품·의약품분야 시험·검사 등에 관한 법(제6조제2항제6호)**
> 위생용품 시험·검사기관 :「위생용품 관리법」제8조(수입 위생용품의 신고 및 검사), 제13조(자가품질검사 및 위탁검사), 제14조(출입·검사·수거 등) 및 제25조(위생용품의 재검사)에 따라 위생용품의 시험·검사를 수행하는 기관으로 명시되어 있다.

지정번호	기관명	업무범위	품목	시험검사 항목	유효기간
제1호	한국식품산업협회 부설 한국식품과학연구원	자가품질위탁검사, 수입검사, 수거검사	세척제, 헹굼보조제, 일회용(컵·숟가락·젓가락·종이냅킨·이쑤시개·포크·나이프·빨대·행주·타월), 식품접객업소용 물티슈, 화장지, 위생물수건, 건티슈(16품목)	이화학, 미생물	2028.4.18.
제3호	(재)한국화학융합시험연구원	자가품질위탁검사, 수입검사, 수거검사	세척제, 헹굼보조제, 화장지, 일회용 행주·종이냅킨, 식품접객업소용 물티슈, 일회용 이쑤시개·면봉·기저귀·일회용 팬티라이너, 물티슈용 마른 티슈(11품목)	이화학, 미생물	2028.4.18.
제4호	(사)KOTITI시험연구원	자가품질위탁검사, 수입검사, 수거검사	「위생용품 관리법」제10조에 따른 기준 및 규격에 따른 품목	이화학, 미생물	2028.4.18.
제5호	(재)한국건설생활환경시험연구원	자가품질위탁검사, 수입검사, 수거검사	「위생용품 관리법」제10조에 따른 기준 및 규격에 따른 품목	이화학, 미생물	2028.4.22.
제6호	(사)한국건강기능식품협회 부설 한국기능식품연구원	자가품질위탁검사, 수입검사, 수거검사	「위생용품 관리법」제10조에 따른 기준 및 규격에 따른 품목(일회용 기저귀 제외)	이화학, 미생물	2028.5.2.
제7호	(재)KATRI시험연구원	자가품질위탁검사, 수입검사, 수거검사	세척제, 헹굼보조제, 일회용종이냅킨·이쑤시개·면봉·기저귀·행주·팬티라이너, 식품접객업소용물티슈, 화장지, 위생물수건, 물수건용건티슈(12품목)	이화학	2028.5.23.
제8호	(재)FITI시험연구원	자가품질위탁검사, 수입검사, 수거검사	「위생용품 관리법」제10조에 따른 기준 및 규격에 따른 품목	이화학, 미생물	2028.7.17.
제9호	㈜한국분석기술연구원	자가품질위탁검사, 수입검사, 수거검사	「위생용품 관리법」제10조에 따른 기준 및 규격에 따른 품목(면봉, 기저귀 제외)	이화학, 미생물	2028.8.21.
제10호	㈜오에이티씨	자가품질위탁검사, 수입검사, 수거검사	「위생용품 관리법」제10조에 따른 기준 및 규격에 따른 품목	이화학, 미생물	2025.1.6.
제12호	㈜세스코 시험분석연구원	자가품질위탁검사, 수입검사, 수거검사	「위생용품 관리법」제10조에 따른 기준 및 규격에 따른 품목	이화학, 미생물	2025.8.20.
제13호	(사)한국위생물수건 처리업중앙회	자가품질위탁검사, 수입검사, 수거검사	위생물수건(1품목)	미생물	2024.11.15.
제14호	(재)한국기계전기전자시험연구원	자가품질위탁검사, 수입검사, 수거검사	「위생용품 관리법」제10조에 따른 기준 및 규격에 따른 품목	이화학, 미생물	2026.5.30.
제15호	(재)KATRI시험연구원 오송	자가품질위탁검사, 수입검사, 수거검사	세척제, 헹굼보조제, 일회용종이냅킨·이쑤시개·면봉·기저귀·행주·팬티라이너, 식품접객업소용물티슈, 화장지, 위생물수건, 물수건용건티슈(12품목)	미생물	2028.6.25.

⑤ 제조 방법에 관하여 연구하거나 발견한 사실로서 화학 등의 분야에서 공인된 사항 외의 표시·광고

1) 제조 방법에 관하여 연구하거나 발견한 사실로서 화학 등의 분야에서 공인된 사항 외의 사항을 표시·광고하여서는 아니된다. 다만, 제조방법에 관하여 연구하거나 발견한 사실에 대하여 문헌을 인용하면서 문헌의 내용을 정확히 표시하고, 연구자의 성명, 문헌명, 발표 연월일을 명시하는 표시·광고는 가능하다.

 - 위생용품과 관련된 신기술 개발이나 연구 결과 등을 표시·광고하는 경우 학술 논문에 등재되어야 하고 학술 논문명, 발표연도, 주요 논문 내용 등을 정확히 인용하여야 한다.

 - 학술 문헌의 연구 결과 중 문구, 표(Table) 또는 그림(Figure) 등을 인용하여 광고할 경우, 특정 부분만을 발췌하거나 확대하는 등의 수정 없이 사용하여야 한다.

⑥ 소비자 안전에 관한 사항에 대하여 각종 상장·감사장 등을 이용하거나 "인증"·"보증" 또는 "추천"을 받았다는 내용을 사용하거나 이와 유사한 내용을 표현하는 표시·광고

1) 소비자 안전에 관한 사항에 대하여 수상·인증·선정·특허 등의 획득 의미를 사실과 다르게 표시·광고하거나 수상·인증·선정 등의 사실을 객관적으로 인정된 것보다 높은 가치로 또는 격을 높여서 표시·광고하여서는 아니된다.

다음의 경우에는 표시·광고 가능
1) 제품과 직접 관련하여 받은 상장
2) 「정부조직법」 제2조부터 제4조까지의 규정에 따른 중앙행정기관·특별지방행정기관 및 그 부속 기관, 「지방자치법」 제2조에 따른 지방자치단체, 「공공기관의 운영에 관한 법률」 제4조에 따른 공공기관 또는 관계 법령에 따라 소비자 안전에 관한 사항에 대해 정당한 권한을 가지고 있는 기관·단체로부터 받은 인증·보증
3) 외국의 정부 기관, 지방자치단체 또는 외국의 법령에 따라 소비자 안전에 관한 사항에 대해 정당한 권한을 가지고 있는 기관·단체로부터 받은 인증·보증

2) 특정 부문에 한정되어 우수 또는 요건에 합당함을 인정받아 수상·인증·선정·특허 등을 받았음에도 다른 부문 또는 전체에 대해 우수 또는 요건에 합당함을 인정받아 수상·인증·선정·특허 등을 받은 것으로 표시·광고하여서는 아니된다.

- 일정한 기간의 수상·선정의 사실을 가지고 그 이상의 기간동안 수상·선정된 것처럼 표시·광고하지 않아야 한다.

- 제품의 친환경성, 기업의 경영과 관련된 인증 등에 대하여 제품의 품질이나 안전 인증으로 표시·광고하지 않아야 한다.

- 특허(실용신안, 의장, 상표)를 출원한 사실만으로 "특허권(실용신안권, 의장권, 상표권) 획득 또는 등록"이라고 표시·광고하는 행위나 효능과 관계없는 생산방법에 대해 '공정특허'를 획득하였음에도 불구하고 '물질특허'로 "○○효능을 인정받았다"고 표시·광고하지 않아야 한다.

- 참가상 또는 순번상을 품질이 우수함으로 인하여 수상한 것처럼 표시·광고하여 수상·인증·선정 등의 사실을 객관적으로 인정된 것보다 높은 가치로 또는 격을 높여서 표시·광고하지 않아야 한다.

- 민간단체의 인증 사실을 공공기관으로부터 인증받은 것처럼 표시·광고하거나 인증기관이 아닌 기관(인증기관으로 지정된 사실이 없거나 인증을 하지 않는 기관)으로부터 인증을 받은 제품이라고 표시·광고하지 않아야 한다.

- 수상·인증·보증·선정·추천 등의 기한이 지난 후에도 계속해서 표시·광고하거나 인증마크 사용 기간이나 특허 기간이 만료된 마크나 특허를 계속 표시·광고하지 않아야 한다.

3) 소비자 안전과 관한 사항에 대하여 추천·보증 등과 관련된 내용을 포함하여 행하는 표시·광고는 소비자·유명인이 당해 상품을 실제로 사용하여 추천·보증 등의 내용이 실제 발생한 경험적 사실에 부합해야 하며, 표시·광고 내용의 전체 의미상 전문가로 인식될 수 있는 자는 추천·보증 등을 한 내용에 대해 실제 전문지식을 보유하고 있어야 한다.

4) 단체·기관이 해당 상품이나 용역의 품질성능에 대해 평가를 할 수 있는 지위에 있고, 추천·보증 등의 내용이 단체·기관의 공식의사를 반영하는 것으로 볼 수 있는 합당한 내부절차를 거친 것으로서 실제 단체·기관의 의사에 부합하는 것이어야 한다.

- 전문가, 연구기관, 유명 단체에 의한 추천, 권장, 수상 등의 사실이 없음에도 불구하고 동 사실이 있는 것처럼 표시·광고하지 않아야 한다.

- 추천·보증 등의 내용이 '전문적 판단'에 근거한 경우, 해당 분야의 전문적 지식을 보유한 전문가의 전문적이고 합리적인 판단에 부합하여야 한다.

- 당해 상품 등을 실제로 구입하여 사용해 본 사실이 없는 소비자의 추천이나 SNS, 인터넷 블로그, 카페 등에서 조작된 Q&A나 체험기로 표시·광고하지 않아야 한다.

⑦ "무(無)", "무첨가" 등의 용어("free", "zero" 등 이와 유사한 의미의 외국어를 포함한다)나 "0%" 등의 표현을 사용하여 법 제10조제1항에 따른 기준 및 규격에서 위생용품에 사용이 금지된 원료·성분이 없다거나 해당 원료·성분을 사용하지 않았다는 내용을 강조함으로써 소비자로 하여금 해당 제품만 금지된 원료·성분이 함유되지 않은 것으로 오인하게 할 수 있는 표시·광고(시행일: 2026.8.13.)

1) 위생용품에 사용되지 않는 성분을 해당 제품에만 사용되지 않는 것처럼 소비자가 오인할 우려가 있는 표시·광고는 하지 않아야 한다.

※ '무(無)'는 없다는 의미이며, '무첨가'는 생산과정 중에 첨가의 행위를 하지 않음을 의미(법제처해석)

부적합 사례
▶ 세척제에 사용할 수 없는 'CMIT, MIT, BIT'를 해당 제품에 사용하지 아니하였다는 내용의 표시·광고
▶ 미용 화장지의 경우 '형광증백제 불검출'이라는 문구 등의 내용을 포함하는 표시·광고

2) 해당 성분의 위해성에 대한 명확한 근거나 객관적인 자료없이 해당 성분이 안전하지 않은 것으로 소비자들에게 인식을 심어줄 수 있는 표시·광고는 하지 않아야 한다.

3) 「위생용품의 기준 및 규격」에서 사용이 금지된 원료·성분이 함유되지 않은 경우 '무(無)', '무첨가' 관련 유사 문구 표시·광고에 대한 기준

<위생용품 종류별 무 및 무첨가 표시 가능 기준>

구분 (종류 및 유형)	기준	규격	표시 문구	표시 가능여부	비고
핸드타월	생산과정에서 사용하여서는 아니됨	규격 없음	무첨가 형광증백제	x	생산과정 중 사용 불가
			무형광증백제	o	입증하는 경우 표시광고 가능
			형광증백제 불검출	o	입증하는 경우 표시광고 가능
키친타월	식품용 기준 및 용기의 기준·규격 따름	불검출	무첨가 형광증백제	o	
			무형광증백제	x	
			형광증백제 불검출	x	
화장실용 화장지	생산과정에서 사용하여서는 아니됨	규격 없음	무첨가 형광증백제	x	생산과정 중 사용 불가
			무형광증백제	o	입증하는 경우 표시광고 가능
			형광증백제 불검출	o	입증하는 경우 표시광고 가능
미용 화장지	없음	불검출	무첨가 형광증백제	o	
			무형광증백제	x	
			형광증백제 불검출	x	
일회용 행주	없음	불검출	무첨가 형광증백제	o	
			무형광증백제	x	
			형광증백제 불검출	x	
세척제	사용할 수 없는 원료·성분	불검출	무CMIT,MIT,BIT	x	
헹굼보조제			CMIT,MIT,BIT 불검출	x	
식품접객업소용 물티슈			CMIT,MIT,BIT test완료	x	

3. 다른 업소 또는 그 제품을 비방하는 표시·광고

> ① **다른 업소 또는 그 제품에 관하여 객관적인 근거가 없는 내용을 나타내어 비방하는 표시·광고**

1) 다른 사업자 등 또는 다른 사업자 등의 상품 등을 객관적인 근거가 없는 내용으로 비방하는 표시·광고는 하여서는 아니된다.

- 객관적 근거 없이 다른 사업자 또는 다른 사업자의 상품에 관한 단점을 부각함으로써, 다른 사업자의 상품이 실제보다 현저히 열등 또는 불리한 것처럼 소비자가 오인할 수 있도록 하는 표시·광고하지 않아야 한다.

☞ 다만, 사업자가 명백히 입증하거나 객관성이 있는 자료에 의해 절대적 표현이 사실에 부합되는 것으로 판단되고 경쟁사업자 또는 소비자에게 피해를 주지 않으면 이를 사용할 수 있다.

> ② **해당 제품의 제조 방법·품질·원료·성분 또는 효과와 직접 관련이 적은 내용을 강조함으로써 다른 업소의 제품을 간접적으로 다르게 인식되게 하는 광고**

1) 위생용품의 제조방법·품질·원료·성분·효과에 관하여 다른 사업자 등 또는 다른 사업자 등의 상품 등을 비방하거나 불리한 사실만을 광고하여 비방하는 표시·광고하여서는 아니된다.

- 과학적 근거 없이 타사 제품의 인체 유해성을 강조하여 소비자의 공포감을 조성하여 다른 업소의 제품을 간접적으로 다르게 인식되게 하는 표시·광고하지 않아야 한다.

- 자기 상품을 비교대상과 관련하여 증명되지 않은 사실을 통해 부당하게 안전성을 강조하는 표현은 사용할 수 없으나, 공인 기관의 시험검사 자료 등을 통해 증명된 경우 입증자료 범위 내에서 사용할 수 있다.

Ⅳ. 식품의 형태·용기·포장 등 모방 관련 사례

1. 개요

1) 식품 모방 위생용품에 대한 판매금지 → 「위생용품 관리법」 개정·공포

- **(대상)** ①식품의 형태·냄새·색깔·크기·용기 및 포장 등을 모방하여 ②섭취 등 식품으로 오용될 우려가 있는 위생용품

☞ **①식품 모방으로 오인 우려 + ②섭취 등 오용 우려 모두 해당하는 제품**

- 일반적인 소비자 또는 영유아·어린이·노년층 등 취약계층이 해당 제품을 보고 판단할 때, 식품으로 오인섭취할 우려가 있는 경우를 제한하는 것임
  - 단순히 식품의 냄새(레몬향 등), 색상 등을 사용한 경우 또는 위생용품 내용물에 대한 섭취 우려가 없는 식품 상표, 포장 외형만 활용한 경우에는 해당되지 않음
- 소비자가 최종 혼합제조하여 완제품 성격을 띄는 DIY 키트의 경우에도 동일한 원칙 적용 대상으로 판단함
- 제조 취지상 영유아·어린이를 고려해야 하므로 '섭취하지 말 것', '위생용품임' 등 단순한 경고표현을 제시한 경우에도 적용대상으로 판단함

- **(시행일)** '24.8.7.부터 시행

- **(적용례)** 시행일로부터 제조·가공·소분·수입(선적일을 기준으로 한함)되는 위생용품에 적용

☞ 시행 이전에 이미 제조·가공·소분·수입된 위생용품은 유통·판매 가능

- 다만, 위생용품제조업자, 위생용품수입업자 등 소비자 오인여부 및 위해발생 가능성 등을 종합적으로 고려하여 우려가 있다고 판단되는 경우 기존 제품 등에 대해서도 자율적으로 조치하는 것이 바람직함

2. 식품 모방 위생용품 사례

① 용기·포장을 제거하고 내용물로만 사용하는 제품류

부적합 사례 머핀 등 제빵류 형태의 세척제(주방비누)

이미지 예시	사유 검토		
	제품 특징	형태	머핀 등 제빵류와 유사함
		냄새	다양
		색깔	다양
		크기	식품 크기와 유사
		용기 및 포장	내용물로 직접 사용하는 제품
	식품 오인 우려		있음
	섭취 우려		있음
	비고		일반적으로 소비자들이 제빵류로 인식가능한 형태는 다양할 수 있음

부적합 사례 떡류 형태의 세척제(주방비누)

이미지 예시	사유 검토		
	제품 특징	형태	떡류 제품과 유사함
		냄새	다양
		색깔	다양
		크기	다양
		용기 및 포장	내용물로 직접 사용하는 제품
	식품 오인 우려		있음
	섭취 우려		있음
	비고		일반적인 소비자들이 떡으로 인식가능한 형태는 다양할 수 있음

부적합 사례	치즈류 형태의 세척제(주방비누)

이미지 예시	사유 검토	
	제품 특징	형태	치즈류 제품과 유사함
		냄새	다양
		색깔	다양
		크기	다양
		용기 및 포장	내용물로 직접 사용하는 제품
	식품 오인 우려	있음
	섭취 우려	있음
	비고	일반적인 소비자들이 치즈로 인식가능한 형태는 다양할 수 있음

② 용기·포장을 포함한 제품 특징이 식품을 모방하고 내용물 섭취 우려가 있는 제품류

부적합 사례	유명 빵집의 빵 형태와 이를 포함한 용기·포장한 세척제(주방비누)

이미지 예시	사유 검토	
	제품 특징	형태	유명 빵집과 유사함
		냄새	콩기름 냄새
		색깔	식품 색깔과 유사
		크기	식품 크기와 유사
		용기 및 포장	식품과 포장형태과 유사하며, 식품 관련 명칭 사용
	식품 오인 우려	있음
	섭취 우려	있음
	비고	식품과 동일한 방식으로 섭취할 우려가 있는 제품

부적합 사례	캔 형태의 세척제(액체상태)		
이미지 예시		사유 검토	
(이미지)	제품 특징	형태	캔 제품과 유사함
		냄새	다양
		색깔	다양
		크기	식품 크기와 유사
		용기 및 포장	캔 용기와 유사, 토출부는 세척제 형태 사용
	식품 오인 우려		있음
	섭취 우려		있음
	비고		캔류와 유사한 방법으로 뚜껑 개봉하고 내용물도 액상인 제품

3. 식품 모방 위생용품 제외 사례

식품으로 오인될 우려 없이 단순히 특정 식품의 상표, 브랜드명 또는 디자인 등을 사용한 경우

※ 다만, 내용물을 오인 섭취할 우려가 있는 경우는 제외

(예시) 식품 상표 사용 세척제 제품

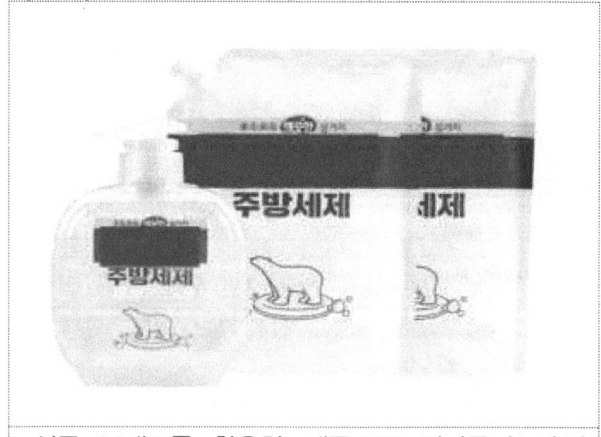

식품 브랜드를 활용한 제품으로 밀가루가 아닌 주방세제로 명확하게 표시되어 있어 식품으로 오인·혼동 없음

첨부 1 위생용품의 표시기준 관련 자주 하는 질문

Q1

세척제 유형변경(2023.7.1.시행)에 따른 기존 포장지 사용가능 여부

- 「위생용품의 표시기준」 Ⅱ. 공통표시기준, 1. 표시방법, 나., 4)에 따라 제조연월일, 유통기한을 제외한 위생용품의 안전과 관련이 없는 경미한 표시사항으로 관할 신고관청에서 승인한 경우 스티커 등을 사용하여 표시사항을 수정할 수 있도록 규정하고 있음

- 「자원의 절약과 재활용 촉진에 관한 법률」에서도 제조자는 원부자재가 폐기물로 되는 것을 억제하도록 노력해야 됨을 명시하고 있고, 세척제 유형 변경은 경미한 표시사항에 해당할 것으로 판단되므로,

- 변경 전 세척제 유형으로 표시된 포장지 재고가 많아 기존 포장지를 사용하고자 하는 경우 상기 규정에 따라 스티커를 사용할 수 있으며, 업체가 그 사실(포장재 양, 포장재 소진시점 등)을 명시하여 관할 관청에 신청(별도의 서식 없음)하고 승인받는 경우 별도의 스티커 처리 없이 기존 포장지를 사용

Q2

항균이라는 문구 표시·광고 가능 여부

● 「위생용품 관리법」 제12조 및 같은 법 시행규칙 제19조에 따라 누구든지 위생용품의 성분·용도·효과에 관하여 사실과 다르거나 과장된 표시·광고, 소비자를 기만하거나 오인·혼동시킬 우려가 있는 표시·광고, 다른 업체 또는 그 업체의 제품을 비방하는 표시·광고 등을 금지

● 위생용품은 항균에 대한 세부 규정은 없으나, 그 사실관계가 명확하고 객관적인 자료를 통해 입증할 수 있는 경우라면 영업자 책임하에 표시 가능(이 경우 상기 규정에 저촉되지 않도록 명확히 표시·광고하는 것이 바람직)

Q3

알레르기 유발성분 표시 방법(2022.7.1.시행)

● 「위생용품의 표시기준」 [별표] 제7호바목에 따라 향료를 사용한 경우 그 향의 명칭 [예시 : OO향]만을 표시할 수 있으며, 다만 해당 향료에 「화장품법 시행규칙」 제19조제7항 및 별표 4에 따른 「화장품 사용할 때의 주의사항 및 알레르기 유발성분 표시에 관한 규정」에서 정하는 알레르기 유발성분이 포함되어 있는 경우에는 해당 성분의 명칭을 함께 표시[예시 : OO향(명칭)]

- 알레르기 유발성분이 기준(사용 후 씻어내는 제품에서 0.01%, 사용 후 씻어내지 않는 제품에서 0.001%)을 초과하지 아니한다면, 향료만(예시 : OO향) 표시할 수 있음

Q4
도시락에 동봉된 젓가락, 음료에 부착된 빨대에 대한 위생용품 표시 방법

● 일회용 젓가락, 빨대를 식품 제조·가공용 원자재로 사용하여 식품(도시락), 음료와 함께 제조되는 경우에는 「식품 등의 표시·광고에 관한 법률」에 따라 표시하고, 해당 위생용품(일회용 젓가락, 빨대)은 재질만 표시

Q5
위생용품 재활용에 대한 표시

● 「위생용품의 표시기준(식품의약품안전처 고시)」 [별표] 표시사항별 세부표시기준, 제10호에 따른 재활용에 대한 표시는 재생원료를 사용한 경우에는 '본 제품은 자원재활용을 위해 재생원료를 사용한 제품입니다'라고 명시(다만, 「식품위생법」의 「기구 및 용기·포장의 기준규격」에 따른 종이제를 재생원료로 사용한 경우에는 표시하지 않음)

- 동 고시 Ⅲ. 개별표시사항 및 표시기준에 따라 재생원료를 사용한 경우 재활용 표시 의무 대상 위생용품은 화장지, 일회용 행주, 일회용 타월, 일회용 종이냅킨이 해당됨

Q6
위생용품 표시와 타법에 따른 표시를 병행표시 가능 여부

● 「위생용품 관리법」에서 정의하는 19종에 대해 관리하고 있으나, 이 법에 따른 표시 대상이라고 하여 타법에 따라 표시하는 것을 배제하는 것은 아니므로 「위생용품 관리법」에 따른 표시사항과 타 법령에 따른 표시사항을 구분하여 표시

Q7
유통기한이 의무표시 대상인가요?

● 「위생용품 관리법」에 따른 19개의 위생용품에는 제조연월일을 의무적으로 표시하여야 하나, 유통기한 관련 규정은 별도로 정하고 있지 않아 의무표시사항에 해당하지 않음(다만, 유통기한을 표시하고자 하는 경우에는 「위생용품의 표시기준」[별표] 제6호에 따라 표시하도록 규정하고 있음)

- 참고로, 유통기한은 제조일로부터 소비자에게 판매가 허용되는 기한을 말하며, 해당 제품의 포장재질, 보존조건, 제조방법, 원료배합 비율 등 특성과 보존 등 기타 실정을 고려하여 유통 중 제품의 안전성과 품질을 보장할 수 있도록 개별적으로 설정할 수 있음

※ 유통기한이 소비기한으로 변경되는 사항은 「식품 등의 표시·광고에 관한 법률」에 따른 식품 등에 해당되는 것이며, 「위생용품 관리법」에서 관리되고 있는 위생용품에는 적용되지 않음

Q8

원료명 또는 성분명에 대한 함량 표시 여부

● 「위생용품의 표시기준」(식품의약품안전처 고시) [별표] 표시사항별 세부표시기준, 제7호가목에 따라 위생용품 제조에 사용된 모든 원료명 또는 성분명을 표시

- 다만, 동 고시 [별표] 제7호다목에 따라 원료명 또는 성분명을 제품명의 일부로 사용하거나 주표시면에 표시하는 경우에는 해당 원료명 또는 성분명과 그 함량을 표시하여야 하며, 이 경우 "함량"은 제품 전체에서 해당 원료명 또는 성분명에 해당하는 함량을 표시

Q9

세척제 표시기준 중 사용기준을 전부 표시하여야 하나요?

● 「위생용품의 표시기준」(식품의약품안전처 고시) Ⅲ. 개별표시사항 및 표시기준, 1. 세척제, 자목에 따라 사용기준을 표시하며

● 과일채소용 세척제인 경우에는 사용자가 세척제 유형에 맞게 사용기준을 확인할 수 있도록 제품에 사용기준 1), 2), 5)를 표시하여야 하며, 식품용 기구·용기용 세척제와 식품 제조·가공장치용 세척제의 경우에는 사용기준 3)~5)만 표시 가능

- 아울러, 동 고시 Ⅱ. 공통표시기준, 1. 표시방법, 마목에 따라 표시사항을 표시함에 있어서 "위생용품"이라는 글자, 제품명, 영업소의 명칭 및 소재지, 내용량, 제조연월일, 원료명 또는 성분명의 활자 크기는 7포인트 이상이어야 하며, 이외 표시사항의 활자크기는 6포인트 이상이어야 하나, 규정에도 불구하고 정보표시면의 면적이 이 고시에서 정한 표시사항(다른 법령에서 표시하도록 정해진 사항 포함)만을 표시하기에도 부족한 경우에는 정해진 활자크기를 따르지 아니할 수 있음

Q10

위생용품 영업소 명칭 및 소재지 표시 방법

● 「위생용품의 표시기준」 [별표] 제3호가목에 따라 영업소의 명칭 및 소재지를 표시하여야 하며, 영업신고증에 기재된 소재지 대신 반품 교환업무를 대표하는 소재지를 표시할 수 있도록 규정

- 위생용품제조업자가 다른 위생용품제조업자에게 위탁하여 위생용품을 제조한 경우에는 위탁을 의뢰한 영업소의 명칭 및 소재지를 표시

- 위생용품제조업소가 제조한 위생용품을 다른 업체가 소분한 경우에는 소분한 업체의 제조업소명 및 소재지를 표시

- 또한, 유통을 전문으로 판매하는 자가 자신의 상표로 다른 위생용품제조업소의 위생용품을 유통·판매하는 경우에는 제조업소(명칭, 소재지) 및 판매업소(명칭, 소재지)를 모두 표시

※ 사례별 영업소의 명칭 및 소재지 표시기준

구분	사례	영업소의 명칭 및 소재지 표시
제조	제조업	제조업소명, 소재지
	국내제조[A] → 국내제조[B] 위탁(제조·가공·소분)	제조업소명(A), 소재지
수입	해외제조[D] → 수입업체[A]	수입업소 : 업소명(A), 소재지 제조업소 : 업소명(D)
	해외제조[D] → 수입·제조[A] → 소분제조위탁[B]	제조(소분)업소 : 업소명(A), 소재지 제조(수출)업소 : 업소명(D)
소분	국내제조[A] → 소분제조[B]	제조(소분)업소 : 업소명(B), 소재지 제조업소 : 업소명(A)
기타	판매[A] : 국내제조[B]	제조업소 : 업소명(B), 소재지 판매업소 : 업소명(A), 소재지
	판매[A] : 국내제조[B] → 소분제조[C]	제조업소 : 업소명(C), 소재지 판매업소 : 업소명(A), 소재지

Q11

미국 FDA 로고 및 Ecocert 인증 표시·광고 가능 여부

● 「위생용품 관리법 시행규칙」 [별표 4] 제2호바목3)에 따라 소비자 안전에 관한 사항에 대하여 각종 상장·감사장 등을 이용하거나 "인증"·"보증" 또는 "추천"을 받았다는 내용을 사용하거나 이와 유사한 내용을 표현하는 표시·광고는 금지하고 있으나, 다음 어느 하나에 해당하는 경우 사용할 수 있도록 규정

① 제품과 직접 관련하여 받은 상장
② 「정부조직법」 제2조부터 제4조까지의 규정에 따른 중앙행정기관·특별지방행정기관 및 그 부속 기관, 「지방자치법」 제2조에 따른 지방자치단체, 「공공기관의 운영에 관한 법률」 제4조에 따른 공공기관 또는 관계 법령에 따라 소비자 안전에 관한 사항에 대해 정당한 권한을 가지고 있는 기관·단체로부터 받은 인증·보증
③ 외국의 정부기관, 지방자치단체 또는 외국의 법령에 따라 소비자 안전에 관한 사항에 대해 정당한 권한을 가지고 있는 기관·단체로부터 받은 인증·보증

- 'FDA 로고' 사용은 FDA에서 권한을 지니고 있고, FDA에서는 민간에서의 로고 사용을 금하고 있으므로 FDA에서 허용하는 범위 내에서 사용하여야 할 것으로 판단되며, 해당 로고를 사용함으로써 FDA에서 제품 승인, 인증 등을 받은 것으로 소비자의 오인·혼동할 우려가 없도록 명확하게 표시·광고 하여야 함

- 'Ecocert 인증'의 경우 EU 규정에 따라 유기농 생산물을 감시하는 국제단체 에코써트(ECO-CERT)가 시험·검사·발급하는 유기농 인증을 의미하며, 제품의 원료가 되는 재료들이 친환경기준을 충족했다는 사실을 보여주는 것으로 판단되는 바, 본 인증을 통해 천연 등의 문구를 표시·광고하고자 하는 경우 제품 내 원료에 대한 인증임을 명시하여 전체 제품에 대한 인증으로 오인·혼동하지 아니하도록 하는 것이 바람직함

Q12

일반용 칫솔 표시 기준 문의

● 현재, 일반용 칫솔은 별도 소관 법률에 의해 관리되는 대상이 아니고 업체 자율적으로 관리 및 판매 등이 이루어지고 있음

- 「위생용품 관리법」이 개정(제19474호, 2023.6.13.)됨에 따라 구강위생 확보, 구강 건강의 증진 및 유지 등을 목적으로 제조된 구강관리용품(칫솔, 치실, 설태제거기)은 '위생용품'에 해당되나, 이는 해당 법률 공포 후 2년이 경과한 날(2025.6.14.)부터 시행될 예정임

- 질의하신 칫솔 제품은 2025년 6월 14일부터 「위생용품 관리법」에 따른 위생용품으로 관리될 예정이며, 이와 관련하여 현재 구강관리용품의 위생용품 기준 및 규격과 표시 기준을 행정예고 하였으니, 참고하여 주시기 바람.

Q15

일회용 기저귀 원료명 및 성분명 표시 시, 색소에 색상을 같이 표시 해야하는지 문의

● 「위생용품의 표시기준」 [별표] 표시사항별 세부표시기준 제7호가목 및 나목에 따라 위생용품의 제조에 사용된 모든 원료명 또는 성분명을 표시하도록 하고 있으며,

- 안감과 흡수층의 색소는 색상이 아닌 사용된 색소의 구체적인 명칭으로 표시하여야 하나, 방수층과 고정(테이프)에 사용된 색소는 일반 총칭명인 색소로도 표시 가능함

  * (색소예시) 원료명 및 성분명
    · (안감) 색소(적색 404호)   · (방수층) 색소
    · (흡수층) 색소(적색 202호)   · (고정(테이프)) 색소

Q13

일회용 기저귀에 KC 인증 표시를 해야 하는지 문의

● KC인증은 「전기용품 및 생활용품 안전관리법」(산업부 법률)에 따른 인증 절차로 「위생용품 관리법」에 따른 위생용품에 대해서는 'KC인증' 관련하여 규정하고 있지 않습니다. 따라서, 위생용품 관리법에 따른 위생용품의 일회용 기저귀에는 KC 인증 표시가 필요하지 않음을 알려드립니다.

Q14

주방세제(세척제)에 천연유래 성분 사용이라는 문구 사용 여부

● 「위생용품 관리법」 제12조 및 같은 법 시행규칙 제19조에 따라 누구든지 위생용품의 성분·용도·효과에 관하여 사실과 다르거나 과장된 표시·광고, 소비자를 기만하거나 오인·혼동시킬 우려가 있는 표시·광고, 다른 업체 또는 그 업체의 제품을 비방하는 표시·광고는 금지

- 또한, 「위생용품 관리법 시행규칙」 제19조 [별표 4], 제1호나목에 따르면 해당 위생용품의 명칭, 원료, 제조방법, 성분, 용도, 품질 등과 다른 내용의 표시·광고는 금지

- 제품에 '천연유래 성분 사용 문구'를 표시·광고함에 있어 상기의 규정을 준수하여야 하며, 그 사실관계가 명확하고 이를 객관적으로 입증(원료의 출처 등)할 수 있는 자료가 있다면 영업자 책임하에 표시·광고 가능

- 다만, 하나의 성분이 천연유래 성분임에도 불구하고 전체 제품이 천연유래 성분인 것으로 소비자가 오인·혼동하지 아니하도록 표시·광고하는 것이 바람직함

Q16

수입 위생용품 중 수출국 표시기준에 따라 제조연월일 표기방식이 줄리안 날짜일 경우(예 : 23365(23년의 365번째일 제조)) 제조연월일 표시 문의

● 위생용품의 제조연월일은 「위생용품의 표시기준」(식약처 고시) [별표] 제5호 가목에 따라 "○○년 ○○월○○일", "○○.○○.○○.", "○○○○년 ○○월○○일" 또는 "○○○○.○○.○○."의 방법으로 표시하여야 함

- 다만, 수입되는 위생용품에 표시된 수출국의 제조연월일의 "연월일"의 표시방법이 상기 규정의 기준과 다를 경우에는 소비자가 알아보기 쉽도록 "연월일"의 표시 순서 또는 읽는 방법을 예시하여야 하며, "연월"만 표시되었을 경우에는 "연월일" 중 "일"의 표시는 제품의 표시된 해당 "월"의 1일로 표시하여야 함

- 수입하는 위생용품에 표시된 수출국의 제조연월일이 "23365"로 표시되어 있는 경우에는 소비자가 알아보기 쉽도록 "23년 12월 31일"로 표시하거나 "읽는 방법"을 표시하여야 함

　　＊ (예시) 읽는 방법

	2023. 1. 1.로부터 기산일	
23289	289일째 되는날	23.10.16.
23290	290일째 되는날	23.10.17.

Q17

미용 화장지 제조 시 사용된 로션 함량에 대한 단위 문의

● 「위생용품의 표시기준」[별표] 표시사항별 세부표시기준, 제7호가목 및 다목에 따라 위생용품의 제조에 사용된 모든 원료명 또는 성분명을 표시하여야 하며, 원료명 또는 성분명을 제품명의 일부로 사용하거나 주표시면에 표시하는 경우 해당 원료명 또는 성분명과 그 함량을 표시하여야 함

- 이 경우, 함량 표시는 소비자가 제품 전체 중 해당 성분이 함유된 양을 알아보기 쉽도록 백분율 '%'로 표시하거나 'mg/kg(ppm)'으로 표시할 수 있음

Q18

미용 화장지를 비닐팩(1회분 소형5개)으로 포장하여 수입하는 경우, 한글표시사항을 소형 5개에 각각 표시해야 하나요?

● 「위생용품의 표시기준」(식약처 고시) Ⅱ. 공통표시기준, 1. 표시방법, 가목에 따라 위생용품의 표시는 소비자에게 판매·대여하는 제품의 최소 판매·대여 단위별 용기·포장에 하도록 규정하고 있는 바,

- 소비자에게 판매하고자 하는 제품의 최소 판매 단위가 박스일 경우에는 박스에, 비닐팩이면 비닐팩에 표시사항을 모두 표시하여야 함

Q19

수입 영업소 이전 후, 기존 포장지를 사용 가능 여부

- 「위생용품의 표시기준」(식약처 고시) Ⅱ. 공통표시기준, 1. 표시방법, 가.에 따라 소비자에게 판매·대여하는 단위별 용기·포장에는 Ⅲ. 개별 표시사항 및 표시기준에 따른 표시를 하여야 함

  - 위생용품수입업의 영업소의 소재지가 변경된 경우라면 "변경 신고" 이후에 최초로 수입(선적일 기준)한 위생용품부터 적용되므로,

  - 또한, 「위생용품의 표시기준」Ⅱ. 1. 나목 3)에 따르면 신고관청에서 변경신고를 수리한 영업소의 명칭 및 소재지를 표시하는 경우 스티커, 라벨(Label) 또는 꼬리표(Tag) 등을 사용하여 부착할 수 있다고 규정

  - 따라서, 영업소의 소재지가 변경된 경우에는 관할 신고관청의 승인하에 스티커를 사용할 수 있음

  - 다만, 「자원의 절약과 재활용 촉진에 관한 법률」에 따르면 제조자는 원·부자재가 폐기물로 되는 것을 억제하도록 노력해야 됨을 명시하고 있는 점을 고려할 때, 기존 포장지에 표시된 구입처 또는 연락처 등을 통해 소비자가 반품 및 교환 등을 처리함에 불편함이 없는 경우,

  - 영업소가 그 사실(오류내용, 포장재 양, 포장재 소진시점 등)을 명시하고 영업신고 관청에 관련 서류(별도 서식 없음)를 제출하여 포장재 연장 승인을 받으면 변경 전 명칭이 표시된 기존 포장지를 소진할 때까지 기존 포장지를 스티커 처리 없이 사용 가능

  - 아울러, 기존 포장지를 스티커 처리 없이 사용하는 경우, 기존 포장지는 빠른 시일 내에 소진하시기 바라며, 소진 후에는 변경된 영업소 소재지를 반영한 포장지를 사용하여야 함

Q20

일회용 기저귀의 표시 기준에 따라 원료명 및 성분명 표시를 각각의 부위별로 표시하고 있으나, 흡수층과 방추층에 사용하는 접착제가 동일한 경우에 접착제의 원료명과 성분명을 표시사항에 별도로 표시 가능한지 여부

● 「위생용품의 표시기준」(식약처 고시) Ⅲ. 개별표시사항 및 표시기준, 17., 바목에 따라 일회용 기저귀의 원료명 및 성분명은 안감, 흡수층, 방수층, 고정(테이프)에 사용된 원료와 성분의 명칭을 구분하여 표시하도록 규정하고 있으며,

- 일회용 기저귀의 부위별로 원료명 및 성분명을 구분하여 표시한 후, 원료명 및 성분명 표시사항 하단에 동일한 접착제의 상세 성분명을 별도 문구로 표시하는 것은 가능함

<예시>

원료명 및 성분명	· 안감 : 부직포(폴리에틸렌, 폴리프로필렌) · 흡수층 : 펄프, 부직포(폴리에틸렌, 폴리프로필렌, 폴리에스테르), 고분자 흡수체(폴리아크릴산나트륨), **접착제*** · 방수층 : 필름(폴리에틸렌, 탄산칼슘, 색소), 부직포(폴리프로필렌, 폴리에틸렌, 색소), 고무줄(폴리우레탄), **접착제*** · 고정(테이프) : 테이프(폴리프로필렌) *** 접착제(탄화수소 수지, 파라핀계 탄화수소)**

| 첨부 2 |

위생용품의 표시기준

[시행 2024. 1. 1.] [식품의약품안전처고시 제2022-68호, 2022. 9. 8., 일부개정]

I. 총칙

1. 목적

이 고시는 「위생용품 관리법」(이하 "법"이라 한다) 제11조 및 「위생용품 관리법 시행규칙」(이하 "시행규칙"이라 한다) 제18조에 따라 위생용품에 표시하여야 하는 사항과 표시방법 등에 관한 세부기준을 정함을 목적으로 한다.

2. 구성

이 기준은 총칙, 공통표시기준, 개별표시사항 및 표시기준, [별표] 표시사항별 세부표시기준으로 나눈다.

3. 용어의 정의

가. "제품명"이라 함은 개개의 제품을 나타내는 고유의 명칭을 말한다.

나. "위생용품의 유형"이라 함은 법 제10조에 따른 「위생용품의 기준 및 규격」(식품의약품안전처 고시)에서 정한 위생용품의 최소분류단위를 말한다.

다. "제조연월일"이라 함은 포장을 제외한 더 이상의 제조·가공·위생처리가 필요하지 아니한 시점(포장 후 살균 등과 같이 별도의 공정을 거치는 제품은 최종공정을 마친 시점)을 말한다. 다만, 소분포장하는 제품은 소분용 원료제품의 제조연월일을 말한다.

라. "유통기한"이라 함은 제품의 제조일로부터 소비자에게 판매가 허용되는 기한을 말한다.

마. "원료"라 함은 위생용품의 제조·가공·소분·위생처리에 사용되는 물질로서 최종제품 내에 들어있는 것을 말한다.

바. "성분"이라 함은 제품에 따로 첨가하거나 원료를 구성하는 단일물질로서 최종제품에 함유되어 있는 것을 말한다.

사. "주표시면"이라 함은 용기·포장의 표시면 중 상표, 로고 등이 인쇄되어 있어 소비자가 위생용품을 구매할 때 통상적으로 소비자에게 보여지는 면을 말한다.

아. "정보표시면"이라 함은 용기·포장의 표시면 중 소비자가 쉽게 알아볼 수 있도록 표시사항을 모아서 표시하는 면을 말한다.

자. "표시사항"이라 함은 "위생용품"이라는 글자, 제품명, 영업소의 명칭 및 소재지, 내용량, 제조연월일, 유통기한, 원료명 또는 성분명, 위생용품의 유형 등 III. 개별표시사항 및 표시기준에서 위생용품에 표시하도록 규정한 사항을 말한다.

차. "포인트"라 함은 한국산업표준 KS A 0201(활자의 기준 치수)이 정하는 바에 따라 활자의 크기를 표시하는 단위를 말한다.

4. 규제의 재검토

「행정규제기본법」 제8조 및 「훈령·예규 등의 발령 및 관리에 관한 규정」(대통령훈령)에 따라 2018년 7월 1일을 기준으로 매 3년이 되는 시점(매 3년째의 6월 30일까지를 말한다)마다 그 타당성을 검토하여 개선 등의 조치를 하여야 한다.

II. 공통표시기준

1. 표시방법

가. 소비자에게 판매·대여하는 제품의 최소 판매·대여 단위별 용기·포장에는 III. 개별표시사항 및 표시기준에 따른 표시를 하여야 한다.

나. 표시는 지워지지 아니하는 잉크로 인쇄하거나 각인 또는 소인 등을 사용하여야 한다. 다음의 어느 하나에 해당하는 경우에는 스티커, 라벨(Label) 또는 꼬리표(Tag)를 사용할 수 있으나 이를 떨어지지 아니하게 부착하여야 한다.

1) 제품포장의 특성상 잉크·각인 또는 소인 등으로 표시하기가 불가능한 경우
2) 소비자에게 직접 판매되지 아니하고 위생용품제조업소에서 원료로 사용될 목적으로 공급되는 원료용 제품의 경우
3) 신고관청에서 변경신고를 수리한 영업소의 명칭 및 소재지를 표시하는 경우
4) 제조연월일, 유통기한을 제외한 위생용품의 안전과 관련이 없는 경미한 표시사항으로 관할 신고관청에서 승인한 경우

다. 표시는 한글로 하여야 하나, 소비자의 이해를 돕기 위하여 한자나 외국어를 혼용하거나 병기하여 표시할 수 있으며, 이 경우 한자나 외국어는 한글표시의 활자와 같거나 작은 크기의 활자로 표시하여야 한다. 다만, 수입되는 위생용품과 「상표법」에 따라 등록된 상표는 한자나 외국어를 한글표시 활자보다 크게 표시할 수 있다.

라. 표시사항을 표시할 때는 소비자가 쉽게 알아볼 수 있도록 눈에 띄게 주표시면 및 정보표시면으로 구분하여 바탕색의 색상과 구분되는 색상으로 다음 각 목에 따라 표시하여야 한다.

1) 주표시면에는 "위생용품"이라는 글자, 제품명, 내용량을 표시하여야 한다. 다만, 주표시면에 "위생용품"이라는 글자, 제품명, 내용량 이외의 사항을 함께 표시한 경우

에는 정보표시면에 그 표시사항을 생략할 수 있다.

   2) 정보표시면에는 영업소의 명칭 및 소재지, 제조연월일, 유통기한, 원료명 또는 성분명, 위생용품의 유형, 주의사항 등을 표시사항별로 표 또는 단락 등으로 나누어 표시하되, 정보표시면 면적이 100 ㎠ 미만인 경우에는 표 또는 단락 등으로 나누어 표시하지 아니할 수 있다.

   3) 1) 및 2)의 규정에도 불구하고 수입 위생용품 중 주표시면에 표시하여야 하는 사항이 수출국의 언어로 주표시면에 모두 표시되어 있는 경우 주표시면에 표시하여야 하는 사항을 정보표시면에 표시할 수 있다.

마. 표시사항을 표시함에 있어 활자크기는 다음에서 규정한 활자크기를 사용하여야 한다.

   1) "위생용품"이라는 글자, 제품명, 영업소의 명칭 및 소재지, 내용량, 제조연월일, 원료명 또는 성분명의 글자 크기는 7포인트 이상이어야 한다.

   2) 1)에서 정한 사항 이외의 글자 크기는 6포인트 이상이어야 한다.

바. 마목에도 불구하고 정보표시면의 면적이 이 고시에서 정한 표시사항(다른 법령에서 표시하도록 정해진 사항 포함)만을 표시하기에도 부족한 경우에는 정해진 활자크기를 따르지 아니할 수 있으며, 다른 법령에서 표시사항 및 활자크기를 규정하고 있는 경우에는 그 법령에서 정하는 바를 따른다.

사. 다른 제조업소의 표시가 있는 용기나 포장을 제품에 사용하여서는 아니 된다. 다만, 위생용품에 유해한 영향을 미치지 아니하는 용기로서 다음의 어느 하나에 해당하는 경우에는 그러하지 아니하다.

   1) 일반시중에 유통·판매할 목적이 아닌 다른 회사의 제품의 원료로 제공할 목적으로 사용하는 경우

   2) 「자원의 절약과 재활용촉진에 관한 법률」에 따라 재사용되는 유리병(같은 위생용품의 유형 또는 유사한 품목으로 사용된 것에 한한다)이 경우

아. 시각장애인을 위하여 제품명, 제조연월일 등의 표시사항을 보기 쉬운 위치에 점자로 표시할 수 있다. 이 경우 점자표시는 스티커 등을 이용할 수 있다.

자. 원료명 등 표시사항은 QR 코드 또는 음성변환용 코드를 함께 표시할 수 있다.

차. 세트포장(두 종류 이상의 각각 다른 제품을 함께 판매할 목적으로 포장한 제품을 말함) 형태로 구성한 경우 세트포장 제품의 외포장지에는 이를 구성하고 있는 각 제품에 대한 표시사항을 각각 표시하여야 한다. 다만, 소비자가 완제품을 구성하는 각 제품의 표시사항을 명확히 확인할 수 있는 경우에는 그러하지 아니하다.

카. 위생용품제조업자가 위생용품을 소분하여 재포장한 경우 해당 위생용품의 원래 표시

사항을 변경하여서는 아니 된다. 다만, 내용량, 영업소의 명칭 및 소재지를 소분된 사항에 맞게 표시하여야 한다.

타. 다음 각 호의 위생용품에 대하여는 그 특성을 고려하여 다음과 같이 표시할 수 있다.
 1) 수출 위생용품에 대하여는 수입자의 요구에 따라 표시할 수 있다.
 2) 법 제3조제1항에 따라 위생물수건처리업의 영업신고를 하여 위생처리하는 위생물수건에는 "위생용품"이라는 글자, 영업소의 명칭 및 소재지만을 표시할 수 있다.
 3) 수입 위생용품에 대한 표시방법
  가) 수출국에서 유통되고 있는 위생용품의 경우에는 수출국에서 표시한 표시사항이 있어야 하고, 한글이 인쇄된 스티커를 사용할 수 있으나 떨어지지 아니하게 부착하여야 하며, 원래의 용기·포장에 표시된 제품명, 원료명 또는 성분명, 제조연월일, 유통기한 등 주요 표시사항을 가려서는 아니 된다.
  나) 한글로 표시된 용기·포장으로 포장하여 수입되는 위생용품의 표시사항은 잉크·각인 또는 소인 등을 사용하여야 한다.
  다) 수출국 제조업체의 표시는 한글표시 스티커에 해당 제품 수출국의 언어로 표시할 수 있다.
  라) 자사제품 제조·가공에 사용하기 위해 수입하는 위생용품은 제품명, 제조업소의 명칭과 제조연월일만을 표시할 수 있고, 그 위생용품에 수출국의 언어 등으로 된 표시가 있는 경우에는 해당하는 한글표시를 생략할 수 있다.
  마) 「대외무역법 시행령」 제26조의 규정에 따라 외화획득용으로 수입하는 위생용품은 한글표시를 생략할 수 있다. 다만, 같은 법 시행령 제26조제1항제3호의 규정에 따라 관광사업용으로 수입되는 위생용품은 그러하지 아니하다.
  바) 연구·조사에 사용하기 위해 수입하는 위생용품은 한글표시를 생략할 수 있다.
파. 위생용품의 개별표시사항은 III. 개별표시사항 및 표시기준, [별표] 표시사항별 세부 표시기준에 따라 표시한다.

III. 개별표시사항 및 표시기준

1. 세척제
 가. "위생용품"이라는 글자
 나. 제품명
 다. 영업소의 명칭 및 소재지

라. 내용량

마. 제조연월일

바. 성분명

사. 위생용품의 유형

　- 과일·채소용 세척제, 식품용 기구·용기용 세척제, 식품 제조·가공장치용 세척제

아. 사용 및 보관상 주의사항(해당되는 경우에 한함)

자. 사용기준

　1) 과일·채소용 세척제의 경우 세척제의 용액에 과일 혹은 채소를 5분 이상 담가서는 아니된다.

　2) 과일·채소용 세척제의 경우 세척제의 용액으로 과일, 채소, 음식기 또는 조리기구 등을 씻은 후에는 반드시 음용에 적합한 물로 씻어야 한다. 이 때 흐르는 물을 사용할 때에는 과일 혹은 채소를 30초 이상, 식기류는 5초 이상 씻고 흐르지 않는 물을 사용할 때는 물을 교환하여 2회 이상 씻어야 한다.

　3) 식품용 기구·용기용, 식품 제조·가공장치용 세척제에 사용한 후에는 음식기, 조리기구 등에 세척제가 잔류하지 않도록 음용에 적합한 물로 씻거나 기타 적절한 방법으로 세척제가 잔류하지 않도록 해야 한다.

　4) 식품용 기구·용기용, 식품 제조·가공장치용 세척제를 사용하는 경우에는 용도이외로 사용하거나 규정사용량 이상을 사용하여서는 아니된다.

　5) 과일·채소용 세척제는 식품용 기구·용기용 또는 식품 제조·가공장치용 세척제, 식품용 기구·용기용 세척제는 식품 제조·가공장치용 세척제의 목적으로 사용할 수 있으나, 식품 제조·가공장치용 세척제는 과일·채소용 또는 식품용 기구·용기용 세척제, 식품용 기구·용기용 세척제는 과일·채소용 세척제의 목적으로 사용하여서는 아니된다.

차. 사용방법

　- 제품별 표준사용농도와 사용방법을 표시(단, 분사형 제품 등 제품 특성상 별도 희석 없이 그대로 사용하거나 고체형 비누, 일체형 세척제 제품 등 표준사용농도를 명확하게 정하기 어려운 경우 표준사용농도 생략 가능)

2. 헹굼보조제

가. "위생용품"이라는 글자

나. 제품명

다. 영업소의 명칭 및 소재지

라. 내용량

마. 제조연월일
바. 성분명
사. 위생용품의 유형
아. 사용 및 보관상 주의사항(해당되는 경우에 한함)
자. 사용기준 및 사용방법
  - 제품별 표준사용농도와 사용방법을 표시(단, 제품 특성상 별도 희석 없이 그대로 사용하거나 표준사용농도를 명확하게 정하기 어려운 경우 표준사용농도 생략 가능)

3. 위생물수건
가. "위생용품"이라는 글자
나. 영업소의 명칭 및 소재지

4. 일회용 컵
가. "위생용품"이라는 글자
나. 제품명
다. 영업소의 명칭 및 소재지
라. 내용량
마. 제조연월일
바. 재질명
사. 위생용품의 유형
아. 사용 및 보관상 주의사항(해당되는 경우에 한함)

5. 일회용 숟가락
가. "위생용품"이라는 글자
나. 제품명
다. 영업소의 명칭 및 소재지
라. 내용량
마. 제조연월일
바. 재질명
사. 위생용품의 유형
아. 사용 및 보관상 주의사항(해당되는 경우에 한함)

6. 일회용 젓가락
   가. "위생용품"이라는 글자
   나. 제품명
   다. 영업소의 명칭 및 소재지
   라. 내용량
   마. 제조연월일
   바. 재질명
   사. 위생용품의 유형
   아. 사용 및 보관상 주의사항(해당되는 경우에 한함)

7. 일회용 포크
   가. "위생용품"이라는 글자
   나. 제품명
   다. 영업소의 명칭 및 소재지
   라. 내용량
   마. 제조연월일
   바. 재질명
   사. 위생용품의 유형
   아. 사용 및 보관상 주의사항(해당되는 경우에 한함)

8. 일회용 나이프
   가. "위생용품"이라는 글자
   나. 제품명
   다. 영업소의 명칭 및 소재지
   라. 내용량
   마. 제조연월일
   바. 재질명
   사. 위생용품의 유형
   아. 사용 및 보관상 주의사항(해당되는 경우에 한함)

9. 일회용 빨대
   가. "위생용품"이라는 글자
   나. 제품명
   다. 영업소의 명칭 및 소재지

라. 내용량
마. 제조연월일
바. 재질명
사. 위생용품의 유형
아. 사용 및 보관상 주의사항(해당되는 경우에 한함)

10. 화장지
  가. "위생용품"이라는 글자
  나. 제품명
  다. 영업소의 명칭 및 소재지
  라. 내용량
  마. 제조연월일
  바. 원료명
  사. 위생용품의 유형
   - 화장실용 화장지, 미용 화장지
  아. 사용 및 보관상 주의사항(해당되는 경우에 한함)
  자. 재활용에 대한 표시

11. 일회용 행주
  가. "위생용품"이라는 글자
  나. 제품명
  다. 영업소의 명칭 및 소재지
  라. 내용량
  마. 제조연월일
  바. 원료명
  사. 위생용품의 유형
  아. 사용 및 보관상 주의사항(해당되는 경우에 한함)
  자. 재활용에 대한 표시

12. 일회용 타월
  가. "위생용품"이라는 글자
  나. 제품명
  다. 영업소의 명칭 및 소재지

라. 내용량
　마. 제조연월일
　바. 원료명
　사. 위생용품의 유형
　　- 키친타월, 핸드타월
　아. 사용 및 보관상 주의사항(해당되는 경우에 한함)
　자. 재활용에 대한 표시

13. **일회용 종이냅킨**
　가. "위생용품"이라는 글자
　나. 제품명
　다. 영업소의 명칭 및 소재지
　라. 내용량
　마. 제조연월일
　바. 원료명
　사. 위생용품의 유형
　아. 사용 및 보관상 주의사항(해당되는 경우에 한함)
　자. 재활용에 대한 표시

14. **식품접객업소용 물티슈**
　가. "위생용품"이라는 글자
　나. 제품명
　다. 영업소의 명칭 및 소재지
　라. 내용량
　마. 제조연월일
　바. 원료명 및 성분명
　사. 위생용품의 유형
　아. 사용 및 보관상 주의사항(해당되는 경우에 한함)

15. **일회용 이쑤시개**
　가. "위생용품"이라는 글자
　나. 제품명
　다. 영업소의 명칭 및 소재지

라. 내용량
마. 제조연월일
바. 재질명
사. 위생용품의 유형
아. 사용 및 보관상 주의사항(해당되는 경우에 한함)

16. 일회용 면봉
가. "위생용품"이라는 글자
나. 제품명
다. 영업소의 명칭 및 소재지
라. 내용량
마. 제조연월일
바. 원료명
사. 위생용품의 유형
  - 성인용 면봉, 어린이용 면봉
아. 사용 및 보관상 주의사항
  - 어린이용의 경우, "영·유아의 귀, 코 안쪽 깊이 넣지 마십시오", "영·유아가 직접 사용하지 않게 하십시오"의 문구 표시

17. 일회용 기저귀
가. "위생용품"이라는 글자
나. 제품명
다. 영업소의 명칭 및 소재지
라. 내용량
마. 제조연월일
바. 원료명 및 성분명
  - 안감, 흡수층, 방수층, 고정(테이프)에 사용된 원료와 성분의 명칭을 구분하여 표시
사. 위생용품의 유형
 1) 성인용 기저귀(팬티형, 테이프형, 일자형)
 2) 어린이용 기저귀(팬티형, 테이프형, 일자형, 기저귀라이너)
 3) 성인용 위생깔개(매트)
 4) 어린이용 위생깔개(매트)
아. 사용 및 보관상 주의사항(해당되는 경우에 한함)

자. 적용대상

- 성인용 기저귀(팬티형, 테이프형)는 허리둘레길이를 "00~00 ㎝" 등의 범위로 표시
- 어린이용 기저귀는 크기에 따라 사용가능한 표준체형의 유아 및 어린이 체중을 "00~00 ㎏" 등의 범위로 표시
- 신체치수에 의해 제품을 구분하지 않는 성인용 기저귀(일자형), 위생깔개(매트) 등 제품의 경우 적용대상을 "전 성인", "전 유아 및 어린이용"으로 표시

예시) 체중(유아), 허리둘레(성인) 등

18. 일회용 팬티라이너

가. "위생용품"이라는 글자
나. 제품명
다. 영업소의 명칭 및 소재지
라. 내용량
마. 제조연월일
바. 원료명 및 성분명
- 안감, 흡수층, 방수층, 고정(테이프)에 사용된 원료와 성분의 명칭을 구분하여 표시
사. 위생용품의 유형
아. 사용 및 보관상 주의사항(해당되는 경우에 한함)

19. 물티슈용 마른 티슈

가. "위생용품"이라는 글자
나. 제품명
다. 영입소의 명칭 및 소재지
라. 내용량
마. 제조연월일
바. 원료명
사. 위생용품의 유형
아. 사용 및 보관상 주의사항(해당되는 경우에 한함)
자. 재활용에 대한 표시

부칙 〈제2022-68호, 2022. 9. 8.〉

제1조(시행일) 이 고시는 2024년 1월 1일부터 시행한다. 다만, 고시 제2021-112호 위생용품의 표시기준 Ⅲ. 1. 자. 3), Ⅲ. 1. 차. 및 Ⅲ. 2. 자.의 개정 규정은 2023년 7월 1일부터 시행한다.

제2조(적용례) 이 고시는 이 고시 시행일부터 제조·가공·소분·수입(선적일을 기준으로 한다. 이하 같다) 또는 위생처리하는 위생용품에 적용한다. 다만, 이 고시 시행 전에 제조·가공·소분·수입 또는 위생처리된 위생용품에 이 고시를 적용받고자 하는 경우 미리 적용받을 수 있다.

제3조(경과조치) 이 고시 시행 당시 종전의 규정에 따라 이미 제조·가공·소분·수입 또는 위생처리된 위생용품은 해당 위생용품의 유통기한까지 판매·대여하거나 판매·대여의 목적으로 저장·진열·운반하거나 영업에 사용할 수 있다.

| 첨부 3 | [별표] 표시사항별 세부표시기준 |

1. **"위생용품"이라는 글자**

   "위생용품"이라는 글자는 주표시면에 바탕색상과 구분되는 색상으로 글상자 안에 표시하여야 한다.

2. **제품명**

   가. 제품명은 그 제품의 고유명칭으로 표시한다. 다만 법 제3조제4항에 따른 품목제조보고 또는 제8조에 따른 수입신고를 한 위생용품은 신고관청에 보고 또는 신고한 명칭으로 표시하여야 한다.

   나. 제품명은 상호·로고 또는 상표 등의 표현을 함께 사용할 수 있다.

3. **영업소의 명칭 및 소재지**

   가. 위생용품제조업소의 영업소의 명칭("업체명" 또는 "업소명"으로 표시할 수 있다. 이하 같다)과 소재지는 영업신고증에 기재된 영업소의 명칭(상호)과 소재지를 표시하되, 영업신고증에 기재된 소재지 대신 반품교환업무를 대표하는 소재지를 표시할 수 있다. 다만, 위생용품제조업자가 다른 위생용품제조업자에게 위탁하여 위생용품을 제조한 경우에는 위탁을 의뢰한 영업소의 명칭 및 소재지로 표시하여야 한다.

   나. 위생물수건처리업소의 영업소의 명칭과 소재지는 영업신고증에 기재된 영업소의 명칭(상호)과 소재지(또는 반품교환업무를 대표하는 소재지)를 표시하여야 한다. 다만, 위생물수건처리업자가 다른 위생물수건처리업자에게 위탁하여 위생물수건을 위생처리한 경우에는 위탁을 의뢰한 영업소의 명칭 및 소재지로 표시하여야 한다.

   다. 위생용품수입업소의 영업소의 명칭과 소재지는 영업신고증에 기재된 영업소의 명칭(상호)과 소재지(또는 반품교환업무를 대표하는 소재지)를 표시하되, 해당 수입 위생용품의 제조업소명을 모두 표시하여야 한다. 이 경우 제조업소명이 외국어로 표시되어 있으면 한글로 따로 표시하지 아니할 수 있다.

   > (예시)　수입업소 : 영업소의 명칭, 소재지
   >　　　　　제조업소 : 영업소의 명칭

라. 위생용품수입업소에서 수입한 위생용품을 단순히 소분하여 재포장하는 위생용품제조업소의 경우 위생용품제조업소의 영업소의 명칭(상호)과 소재지(또는 반품교환업무를 대표하는 소재지), 수입신고한 해당 제품 원료의 국외 제조업소명을 모두 표시하여야 한다.

> (예시)   제조(소분)업소 : 영업소의 명칭, 소재지
>   제조(수출)업소 : 영업소의 명칭

마. 유통을 전문으로 판매하는 자가 다른 위생용품제조업소에서 제조한 위생용품을 자신의 상표로 유통·판매하는 경우에는 해당 위생용품제조업소와 판매자의 영업소의 명칭(상호)과 소재지(또는 반품교환업무를 대표하는 소재지)를 모두 표시하여야 한다.

> (예시)   제조업소 : 영업소의 명칭, 소재지
>   판매업소 : 영업소의 명칭, 소재지

4. 내용량

가. 내용물의 성상에 따라 중량·용량 또는 수량(매수, 개수), 길이 등으로 표시하여야 한다.

나. 화장지, 일회용 행주, 일회용 타월, 일회용 종이냅킨의 내용량은 제품 형태에 따라 길이 또는 수량으로 표시하되 다음에 따른다.

 1) 길이를 표시할 때에는 너비와 겹수를 함께 표시한다.

> 길이 : 00 m (너비 : 00 mm, 0겹)

 2) 수량(매수)을 표시할 때에는 가로, 세로와 겹수를 함께 표시한다.

> 수량 : 00 매 (00 mm(가로) x 00 mm(세로), 0겹)

 3) 여러 개를 함께 포장할 때에는 1) 또는 2)의 표시사항과 함께 포장된 수량을 표시하여야 한다.

다. 용기·포장에 표시된 양과 실제량과의 부족량의 허용오차(범위)는 다음과 같다.

적용분류	표시량	허용부족량
중량 또는 용량	50g(㎖) 이하	9 %
	50g(㎖) 초과 100g(㎖) 이하	4.5g(㎖)
	100 g(㎖) 초과 200 g(㎖) 이하	4.5%
	200 g(㎖) 초과 300 g(㎖) 이하	9g(㎖)
	300 g(㎖) 초과 500 g(㎖) 이하	3 %
	500g (㎖) 초과 1 kg(ℓ) 이하	15 g(㎖)
	1 kg(ℓ) 초과 10 kg(ℓ) 이하	1.5 %
	10 kg(ℓ) 초과 15 kg(ℓ) 이하	150 g(㎖)
	15 kg(ℓ) 초과 50 kg(ℓ) 이하	1 %
길이	5 m 이하	허용하지 않음
	5 m 초과	표시량의 2 %
수량	50 개(매) 이하	허용하지 않음
	50 개(매) 초과	표시량의 1%를 반올림한 정수값

※ %로 표시된 허용부족량(오차)은 표시량에 대한 백분율임. 단, 화장지, 일회용 행주, 일회용 타월, 일회용 종이냅킨의 경우 내용량을 길이로 표시할 때 함께 표시하여야 하는 너비의 오차는 3mm까지, 내용량을 수량(매수)으로 표시할 때 함께 표시하여야 하는 가로 및 세로의 오차는 각각 5mm 까지 허용

※ 두루마리(롤)의 길이 및 그 허용오차 규정은 2겹 이상 겹친 두루마리인 것에 대하여는 겹친 대로 적용

5. 제조연월일

가. 제조연월일은 "○○년○○월○○일", "○○.○○.○○.", "○○○○년○○월○○일" 또는 "○○○○.○○.○○."의 방법으로 표시하여야 한다.

나. 수입되는 위생용품에 표시된 수출국의 제조연월일의 "연월일"의 표시방법이 가목의 기준과 다를 경우에는 소비자가 알아보기 쉽도록 "연월일"의 표시 순서 또는 읽는 방법을 예시하여야 하며, "연월"만 표시되었을 경우에는 "연월일" 중 "일"의 표시는 제품의 표시된 해당 "월"의 1일로 표시하여야 한다.

다. 제조연월일 표시가 의무가 아닌 국가로부터 제조연월일이 표시되지 않은 제품을 수입하여 제조연월일을 표시하고자 하는 경우 그 수입자는 제조국, 제조회사로부터 받은 제조연월일에 대한 증명자료를 토대로 하여 한글표시사항에 제조연월일을 표시하여야 한다.

라. 제조연월일을 주표시면 또는 정보표시면에 표시하기 곤란한 경우에는 해당 위치에 제조연월일의 표시위치를 명시하거나, "별도표시" 등의 안내 문구를 표시하여야 한다.

6. 유통기한(해당되는 제품에 한함)

가. 유통기한은 "○○년○○월○○일까지", "○○.○○.○○.까지", "○○○○년○○월○○일까지", "○○○○.○○.○○.까지" 또는 "유통기한: ○○○○년○○월○○일"로 표시하여야 한다.

나. 제조연월일을 사용하여 유통기한을 표시하는 경우에는 "제조일로부터 ○○일까지", "제조일로부터 ○○월까지" 또는 "제조일로부터 ○○년까지", "유통기한: 제조일로부터 ○○일"로 표시할 수 있다.

다. 수입되는 위생용품에 표시된 수출국의 유통기한의 "연월일"의 표시방법이 가목의 기준과 다를 경우에는 소비자가 알아보기 쉽도록 "연월일"의 표시 순서 또는 읽는 방법을 예시하여야 하며, "연월"만 표시되었을 경우에는 "연월일" 중 "일"의 표시는 제품의 표시된 해당 "월"의 1일로 표시하여야 한다.

라. 유통기한 표시가 의무가 아닌 국가로부터 유통기한이 표시되지 않은 제품을 수입하여 유통기한을 표시하고자 하는 경우 그 수입자는 제조국, 제조회사로부터 받은 유통기한에 대한 증명자료를 토대로 하여 한글표시사항에 유통기한을 표시하여야 한다.

마. 유통기한의 표시는 사용 또는 보존에 특별한 조건이 필요한 경우 이를 함께 표시하여야 한다.

바. 유통기한이 서로 다른 각각의 여러 가지 제품을 함께 포장하였을 경우에는 그 중 가장 짧은 유통기한을 표시하여야 한다.

사. 유통기한을 주표시면 또는 정보표시면에 표시하기 곤란한 경우에는 해당 위치에 유통기한의 표시 위치를 명시하거나, "별도표시" 등의 안내 문구를 표시하여야 한다.

7. 원료명 또는 성분명

가. 위생용품의 제조에 사용된 모든 원료명 또는 성분명을 표시하여야 한다.

나. 원료명 또는 성분명은 법 제10조에 따른「위생용품의 기준 및 규격」(식품의약품안전처 고시), 표준국어대사전 등을 기준으로 대표명을 선정한다.

다. 원료명 또는 성분명을 제품명의 일부로 사용하거나 주표시면에 표시하는 경우 해당 원료명 또는 성분명과 그 함량을 표시하여야 한다.

라. 위생용품의 제조과정 중 첨가되어 최종제품에서 불활성화되는 효소나 제거되는 원료·성분의 경우에는 그 명칭을 표시하지 아니할 수 있다.

마. 재질명 표시는 식품과 직접 접촉하는 부분의 재질만을 표시할 수 있고, 재질명을 표시하는 경우 합성수지제는「기구 및 용기·포장의 기준 및 규격」(식품의약품안전처 고시)에 등재된 염화비닐수지, 폴리에틸렌, 폴리프로필렌, 폴리스티렌, 폴리염화비닐리덴,

폴리에틸렌테레프탈레이트, 페놀수지, 실리콘 고무 등으로 각각 구분하여 표시하여야 하며, 이 경우 약자로 표시할 수 있다.

바. 향료를 사용한 경우 그 향의 명칭[예시 : ○○향]만을 표시할 수 있다. 다만, 해당 향료에 「화장품법 시행규칙」 제19조제6항 및 별표 4에 따른 「화장품 사용 시의 주의사항 및 알레르기 유발성분 표시에 관한 규정」(식품의약품안전처 고시)에서 정하는 알레르기 유발성분이 포함되어 있는 경우에는 해당 성분의 명칭을 함께 표시하여야 한다[예시 : ○○향(명칭)].

8. 위생용품의 유형

법 제10조에 따른 「위생용품의 기준 및 규격」에 위생용품의 유형이 분류된 위생용품은 그 유형(「위생용품의 기준 및 규격」에 유형이 없는 경우에는 위생용품의 종류를 말한다)을 표시하여야 한다. 다만, 위생용품의 유형을 제품명이나 제품명의 일부로 사용한 때에는 이를 표시하지 아니할 수 있다.

9. 사용 및 보관상 주의사항

사용 및 보관상 주의가 필요한 제품은 그 사항을 표시하여야 한다.

10. 재활용에 대한 표시

재생원료를 사용한 경우 "본 제품은 자원재활용을 위해 재생원료를 사용한 제품입니다"라는 문구를 표시하여야 한다. 다만, 「식품위생법」의 「기구 및 용기·포장의 기준규격」에 따른 종이제 또는 가공지제를 재생원료로 사용한 경우에는 그러하지 아니하다.

| 첨부 4 | 위생용품 관리법 시행규칙 [별표 4]

허위·과대·비방 표시·광고의 범위(제19조 관련)

제19조에 따라 금지되는 표시·광고는 용기·포장, 라디오·텔레비전·신문·잡지·음악·영상·인쇄물·간판·인터넷, 그 밖의 방법으로 위생용품의 명칭·제조방법·품질·원료·성분 또는 사용에 대한 정보를 나타내거나 알리는 행위 중 다음 각 호의 어느 하나에 해당하는 경우로 한다.

1. 사실과 다르거나 과장된 표시·광고로서 다음 각 목의 어느 하나에 해당하는 경우
   가. 법 제3조 및 제4조에 따라 신고한 사항이나 법 제8조에 따라 수입신고한 사항과 다른 내용의 표시·광고
   나. 해당 위생용품의 명칭, 원료, 제조방법, 성분, 용도, 품질 등과 다른 내용의 표시·광고
   다. 제조연월일을 표시함에 있어서 사실과 다른 내용의 표시·광고
   라. 효과를 표시함에 있어서 사실과 다른 내용의 표시·광고

2. 소비자를 기만하거나 오인·혼동시킬 우려가 있는 표시·광고로서 다음 각 목의 어느 하나에 해당하는 경우
   가. 외국어의 사용 등으로 외국제품으로 혼동할 우려가 있는 표시·광고 또는 외국과 기술 제휴한 것으로 혼동할 우려가 있는 내용의 표시·광고
   나. 화학적 합성품을 사용하는 경우로서 다음의 어느 하나에 해당하는 표시·광고
     1) 그 원료의 명칭 등을 사용하여 화학적 합성품이 아닌 것으로 혼동할 우려가 있는 표시·광고
     2) "천연", "자연" 등의 용어("natural", "nature" 등 이와 유사한 의미의 외국어를 포함한다)를 사용(영업소의 명칭 또는 「상표법」에 따라 등록된 상표명에 포함된 경우는 제외한다)하여 화학적 합성품을 사용하지 않은 것으로 혼동할 우려가 있는 표시·광고
   다. 경쟁상품과 비교하는 표시·광고의 경우 그 비교대상 및 비교기준이 명확하지 않거나 비교내용 및 비교방법이 적정하지 않은 내용의 표시·광고
   라. 위생용품 시험·검사기관이 아닌 기관에서 법 제10조제1항에 따른 기준 및 규격에서 정한 검사항목을 검사한 결과를 이용한 표시·광고
   마. 제조방법에 관하여 연구하거나 발견한 사실로서 화학 등의 분야에서 공인된 사항 외의 표시·광고. 다만, 제조방법에 관하여 연구하거나 발견한 사실에 대한 화학 등의 문헌을

인용하여 문헌의 내용을 정확히 표시하고, 연구자의 성명, 문헌명, 발표 연월일을 명시하는 표시·광고는 제외한다.
바. 소비자 안전에 관한 사항에 대하여 각종 상장·감사장 등을 이용하거나 "인증"·"보증" 또는 "추천"을 받았다는 내용을 사용하거나 이와 유사한 내용을 표현하는 표시·광고. 다만, 다음의 어느 하나에 해당하는 내용을 사용하는 경우는 제외한다.
 1) 제품과 직접 관련하여 받은 상장
 2) 「정부조직법」 제2조부터 제4조까지의 규정에 따른 중앙행정기관·특별지방행정기관 및 그 부속 기관, 「지방자치법」 제2조에 따른 지방자치단체, 「공공기관의 운영에 관한 법률」 제4조에 따른 공공기관 또는 관계 법령에 따라 소비자 안전에 관한 사항에 대해 정당한 권한을 가지고 있는 기관·단체로부터 받은 인증·보증
 3) 외국의 정부기관, 지방자치단체 또는 외국의 법령에 따라 소비자 안전에 관한 사항에 대해 정당한 권한을 가지고 있는 기관·단체로부터 받은 인증·보증
사. "무(無)", "무첨가" 등의 용어("free", "zero" 등 이와 유사한 의미의 외국어를 포함한다)나 "0%" 등의 표현을 사용하여 법 제10조제1항에 따른 기준 및 규격에서 위생용품에 사용이 금지된 원료·성분이 없다거나 해당 원료·성분을 사용하지 않았다는 내용을 강조함으로써 소비자로 하여금 해당 제품만 금지된 원료·성분이 함유되지 않은 것으로 오인하게 할 수 있는 표시·광고

3. 다른 업소 또는 그 제품을 비방하는 표시·광고로서 다음 각 목의 어느 하나에 해당하는 경우
 가. 다른 업소 또는 그 제품에 관하여 객관적인 근거가 없는 내용을 나타내어 비방하는 표시·광고
 나. 해당 제품의 제조방법·품질·원료·성분 또는 효과와 직접 관련이 적은 내용을 강조함으로써 다른 업소의 제품을 간접적으로 다르게 인식되게 하는 광고

위생용품 표시 · 광고 가이드라인

초판 인쇄 2025년 02월 14일
초판 발행 2025년 02월 17일

저　자 식품의약품안전처
발행인 김갑용

발행처 진한엠앤비
주소 서울시 서대문구 독립문로 14길 66 205호(냉천동 260)
전화 02) 364 - 8491(대) / 팩스 02) 319 - 3537
홈페이지주소 http://www.jinhanbook.co.kr
등록번호 제25100-2016-000019호 (등록일자 : 1993년 05월 25일)
ⓒ2025 jinhan M&B INC, Printed in Korea

ISBN 979-11-290-5796-9　　(93570)　　　[정가 10,000원]

☞ 이 책에 담긴 내용의 무단 전재 및 복제 행위를 금합니다.
☞ 잘못 만들어진 책자는 구입처에서 교환해 드립니다.
☞ 본 도서는 [공공데이터 제공 및 이용 활성화에 관한 법률]을 근거로 출판되었습니다.